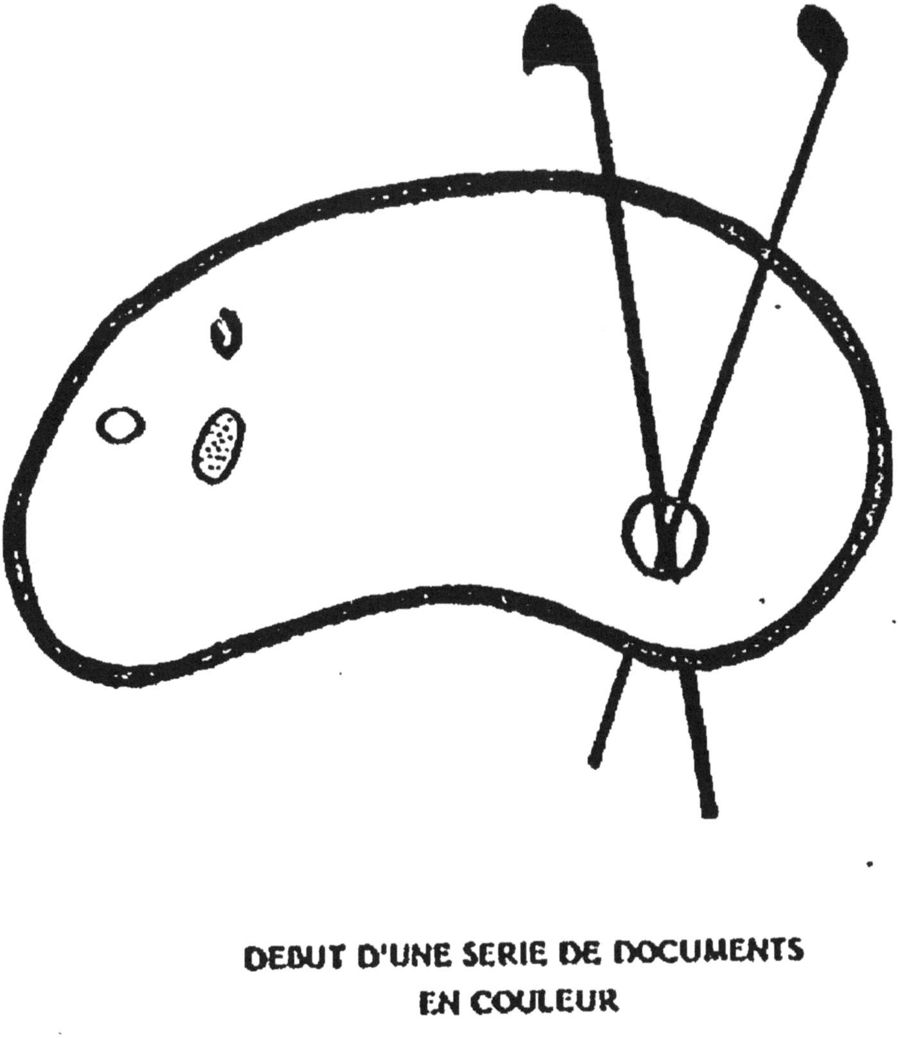

DEBUT D'UNE SERIE DE DOCUMENTS
EN COULEUR

TROISIÈME ÉDITION

GUIDES ROUTIERS RÉGIONAUX

A L'USAGE DES

Cyclistes et des Automobilistes

MORVAN

ET

BOURGOGNE

VALLÉES DE LA CURE ET DU COUSIN
LA CÔTE-D'OR

PAR

A. DE BARONCELLI

Prix : 2 francs

PARIS

CHEZ TOUS LES LIBRAIRES

TABLE DES PRINCIPALES LOCALITÉS

Les hôtels précédés d'un astérisque sont particulièrement recommandés.

Paris. — Imprimerie G. Maurin, 71, rue de Rennes.

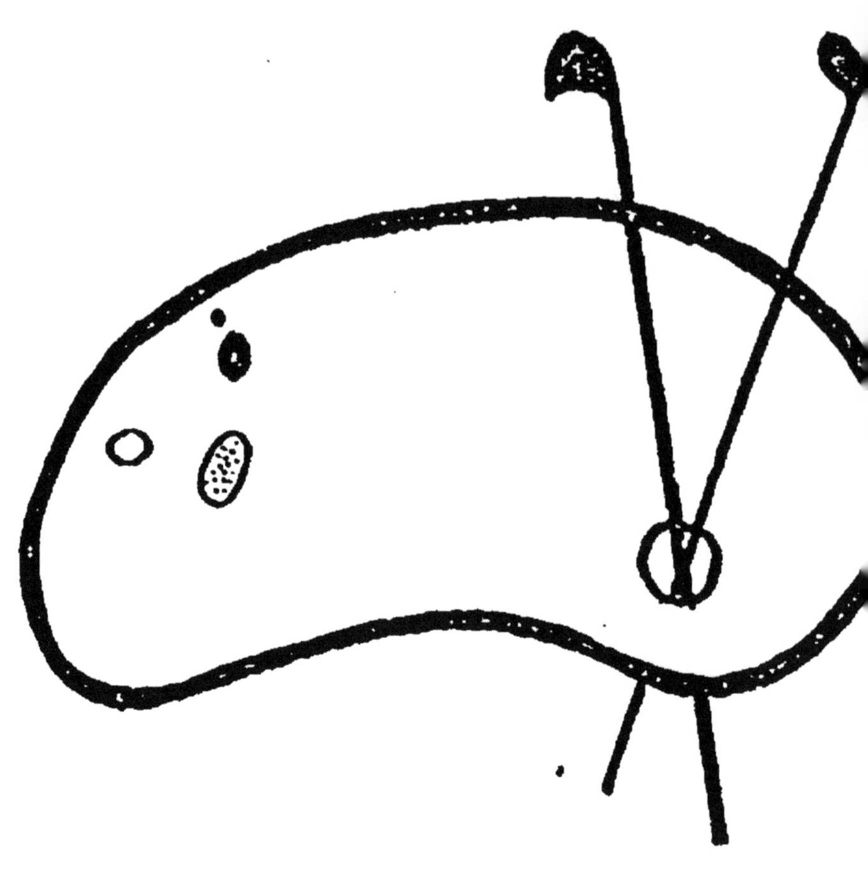

FIN D'UNE SERIE DE DOCUMENTS
EN COULEUR

GUIDES ROUTIERS RÉGIONAUX

A L'USAGE DES

Cyclistes et des Automobilistes

MORVAN
ET
BOURGOGNE

VALLÉES DE LA CURE ET DU COUSIN
LA CÔTE-D'OR

PAR

A. DE BARONCELLI

Prix : 2 francs

PARIS

EN VENTE CHEZ TOUS LES LIBRAIRES

GUIDES BARONCELLI

LES ENVIRONS DE PARIS, dans un rayon moyen de 140 kilomètres, avec les itinéraires détaillés des forêts de Rambouillet, de Fontainebleau, de Chantilly et de Compiègne, 18e édition. . . . . . 5 fr. »

LA FRANCE, guide routier à l'usage des cyclistes et de la locomotion automobile, indicateur des distances avec annotations, contenant la nomenclature générale des routes qui relient tous les Chefs-Lieux de Département et d'Arrondissement, nouvelle édition. 5 fr. »

L'AUVERGNE ET LES CAUSSES DES CÉVENNES . . . . 2 fr. »

LE MORVAN ET LA BOURGOGNE, vallées de la Cure et du Cousin, la Côte-d'Or. . . 2 fr. »

LE DAUPHINÉ ET LA SAVOIE, rives du lac de Genève, 2e édition. . . . . 2 fr. »

LES ARDENNES françaises et belges, le Grand-Duché de Luxembourg . . . . 2 fr. »

LES PYRÉNÉES, de Bayonne à Perpignan. 2 fr. »

LA BRETAGNE, plages bretonnes, 3e édit. 2 fr. »

LA NORMANDIE, plages normandes, 3e édit. 1 fr. 75

LES VOSGES, région française des lacs et des stations thermales, 2e édition . . . . . 1 fr. 75

LA TOURAINE ET L'ANJOU, châteaux des bords de la Loire, 4e édition . . . . . . 1 fr. 75

En préparation :

LA VENDÉE ET LA CHARENTE. — LE JURA
LA PROVENCE.

PRÉFACE

Ayant souvent constaté combien de cyclistes, à la veille d'entreprendre une excursion un peu prolongée, sont embarrassés sur le choix du voyage et pour en établir d'avance les étapes, nous pensons pouvoir leur être utile en publiant un itinéraire spécial pour chacune des principales régions les plus intéressantes de la France.

C'est dans cette intention que nous présentons aujourd'hui, aux touristes cyclistes, le guide du **Morvan et de la Bourgogne**, *le neuvième de la série que nous comptons faire paraître.*

Afin de rendre accessible notre itinéraire en venant le rejoindre de n'importe quelle direction, nous l'avons tracé circulaire, de telle sorte qu'en prenant pour point de départ une des villes quelconques de son parcours, on puisse revenir à cette ville après avoir fait le voyage entier et visité les curiosités les plus importantes de la région.

Toutefois, voulant rendre l'ouvrage très portatif, nous nous sommes bornés à donner la description de la route au point de vue purement vélocipé-

dique, à l'indication exacte des distances séparant les localités, au bon choix des hôtels (toujours se présenter avec notre guide) et au partage qui nous a paru le plus rationnel des étapes journalières.

Quant aux longueurs des côtes et des espaces pavés, nous adopterons, pour les mesurer, le temps de marche nécessaire à franchir ces passages, à pied, à raison d'environ 4 ou 5 kilomètres à l'heure, aussi exprimerons-nous leur durée en minutes et en heures.

Néanmoins, beaucoup de cyclistes, légèrement chargés, pourront gravir en machine plusieurs des rampes ainsi mentionnées; le renseignement du temps, pour les monter à pied, s'adressant particulièrement aux touristes non entraînés.

Pour des renseignements plus complets concernant les villes, les monuments et les musées, nous conseillons aux cyclistes de se munir du **Guide Joanne** *correspondant à la contrée qu'ils visitent.*

Le touriste, préférant bien voir en détail et sans fatigue, désirant séjourner quelques heures dans les localités qui offrent de l'intérêt et conserver de son excursion un souvenir durable, suivra à la lettre nos étapes; cependant, s'il se sent de force, rien ne l'empêchera de les doubler, mais nous ne saurions l'y engager, à moins qu'il veuille se contenter d'impressions fugitives, résultat inévitable d'un voyage fait trop à la hâte.

TABLE MÉTHODIQUE

Pages

PLAN DU VOYAGE

AUXERRE

Les Grottes d'Arcy-sur-Cure et de Saint-Moré,
Sermizelles, le Mont-Merte, les Gorges du Cousin,
Avallon,
Chastellux, Quarré-les-Tombes,
Le Monastère de la Pierre-qui-Vire, La Roche du Chien,
Saulieu,
Le Saut du Gouloux, Montsauche, Le Lac des Settons,
Chateau-Chinon, Le Saut de la Canche,
Autun,
Saint-Léger-sous-Beuvray, Le Mont-Beuvray.
Saint-Honoré-les-Bains, Chateau-Chinon,
Montreuillon, Lormes, Bazoches,
Pierre-Perthuis, Vézelay, Sermizelles,
Avallon,
Epoisses, Semur, Les Laumes,
Alise-Sainte-Reine, Bussy-Rabutin,
Les Grottes de Darcey, Les Sources de la Seine,
Saint-Seine-l'Abbaye, le Val du Suzon,

Dijon,
Pont-de-Pany, Bligny-sur-Ouche,
Arnay-le-Duc (*ou* Pouilly-en-Auxois),
Thoisy-la-Berchère,
Saulieu,
Lucenay-l'Evèque, Autun,
Nolay, Beaune, Nuits-Saint-Georges,
Dijon,
Sombernon, Vitteaux, Les Laumes, Montbard,
Ancy-le-Franc, Tanlay, Tonnerre.
Saint-Florentin, Joigny.

(Pour ce voyage, consulter les feuilles de la carte de France du Ministère de la Guerre, au 200.000e, portant les nos 33, 34 et 41.)

Nota. — Le cycliste venant de Paris se rendra à Auxerre, soit par le chemin de fer (19 fr. 50 ; 13 fr. 05 ; 8 fr. 60), soit par la route. Dans ce dernier cas, il devra suivre l'itinéraire ci-dessous de **Paris à Auxerre (161 kil.)**, dont la description détaillée se trouve dans notre *Guide des Environs de Paris*.

DE PARIS A AUXERRE

Par **Charenton-le-Pont** (2), Maisons-Alfort (2), Villeneuve-Saint-Georges (8), Montgeron (3 — Hôt. de la *Chasse*), Lieusaint (11), **Melun** (13 — Hôt. du *Grand-Monarque*), Sivry (7), **Le Châtelet-en-Brie** (4 — Hôt. du *Châtelet*), Panfou (8), Valence-en-Brie (2), **Montereau** (9 — Hôt. du *Grand-Monarque*), Cannes (4), **Villeneuve-la-Guyard** (7 — Hôt. de la *Souche et de la Poste*), Champigny (5), La Chapelle-Champigny (2), Villemanoche (2), **Pont-sur-Yonne** (3 — Hôt. de l'*Ecu*), Saint-Denis (8), **Sens** (4 — Hôt. de l'*Ecu*), Rosoy (5), **Villeneuve-sur-Yonne** (9 — Hôt. du *Dauphin*), Armeau (5), Villevallier (3), Villecien (3), Saint-Aubin (1), **Joigny** (4 — Hôt. de la *Poste*), Epineau-les-Voves (8), Bassou (4), Appoigny (6) et **Auxerre** (9 — *V.* page 13).

DIVISION DU TEMPS

Le voyage du Morvan, seul, demande quatorze jours environ. Le cycliste de retour à Sermizelles, à la fin de la quatorzième journée, désirant visiter la Bourgogne, devra prendre le train à Sermizelles pour regagner Avallon. D'Avallon on se dirigera vers la Côte-d'Or en continuant l'itinéraire comme il est indiqué ci-dessous à partir de la quinzième journée.

Dans le nombre des journées de marche ne sont pas comprises la plupart des excursions recommandées au départ des villes. Ces excursions facultatives exigent des journées supplémentaires.

1er Jour. — Visite de la ville d'Auxerre. Dîner et coucher à Auxerre.

2e Jour. — Départ d'Auxerre. Déjeuner à Arcy-sur-Cure. Visite des grottes et cavernes d'Arcy-sur-Cure et de Saint-Moré. Passage à Voutenay; visite du musée Poulaine. Dîner et coucher à Sermizelles.

3e Jour. — Départ de Sermizelles. Passage à Valloux. Ascension du mont Marte; déjeuner à Valloux. Arrivée à Avallon. Visite de la ville d'Avallon. Dîner et coucher à Avallon.

4e Jour (*facultatif*). — Déjeuner à Avallon. Excursion dans la vallée du Cousin en amont d'Avallon. Dîner et coucher à Avallon.

5e Jour. — Départ d'Avallon. Visite du château de Chastellux. Déjeuner à Chastellux. Arrivée à Quarré-les-Tombes. Excursion au monastère de la Pierre-qui-Vire. Dîner et coucher à Quarré-les-Tombes.

6e Jour. — Départ de Quarré-les-Tombes. Déjeuner à Saint-Brisson. Arrivée à Saulieu. Visite de la ville de Saulieu. Dîner et coucher à Saulieu.

7e Jour. — Départ de Saulieu. Le saut du Gouloux. Déjeuner au lac des Settons. Visite de la digue et promenade sur les bords du lac. Dîner et coucher à Planchez.

8e Jour. — Départ de Planchez. Déjeuner à Château-Chinon. Visite de la ville de Château-Chinon. Dîner et coucher à Château-Chinon.

9e Jour. — Départ de Château-Chinon. Déjeuner à Anost. Passage du col de la Croix-Pasquelin. Le saut de la Canche. Dîner et coucher à Autun.

10e Jour. — Déjeuner à Autun. Visite de la ville d'Autun Dîner et coucher à Autun.

11e Jour. — Départ d'Autun. Déjeuner à Saint-Léger-sous-Beuvray. Dîner et coucher à Saint-Honoré-les-Bains.

12e Jour. — Départ de Saint-Honoré-les-Bains. Déjeuner à Moulins-Engilbert. Dîner et coucher à Château-Chinon.

Ou : Déjeuner à Onlay ou à Saint-Léger-du-Fougeret.

13e Jour. — Départ de Château-Chinon. Déjeuner à Montreuillon. Arrivée à Lormes. Visite de la ville de Lormes. Dîner et coucher à Lormes.

14e Jour. — Départ de Lormes. Passage à Bazoches. Visite du château de Bazoches. Déjeuner à Pierre-Perthuis ou à Vézelay. Visite de la ville de Vézelay. Déjeuner et coucher à Vézelay ou à Sermizelles.

15e Jour. — Départ d'Avallon. Déjeuner à Epoisses. Visite du château d'Epoisses. Arrivée à Semur. Visite de la ville de Semur. Dîner et coucher à Semur.

16e Jour. — Départ de Semur après le déjeuner, ou déjeuner aux Laumes. Visite d'Alise-Sainte-Reine et du plateau d'Alésia. Dîner et coucher aux Laumes.

17e Jour. — Départ des Laumes. Visite du château de Bussy-Rabutin. Déjeuner à Darcey. Visite des grottes de Darcey (*facultatif*). Visite des sources de la Seine. Dîner et coucher à Saint-Seine-l'Abbaye.

18e Jour. — Départ de Saint-Seine-l'Abbaye. Déjeuner au Val-Suzon. Dîner et coucher à Dijon.

19e Jour. — Visite de la ville de Dijon. Déjeuner, dîner et coucher à Dijon.

20e Jour. — Départ de Dijon. Déjeuner à Pont-de-Pany. Excursion au château de Monculot. Dîner et coucher à Bligny-sur-Ouche.

21e Jour. — Départ de Bligny-sur-Ouche. Déjeuner à Arnay-le-Duc. Visite du château de Thoisy-la-Berchère. Dîner et coucher à Saulieu.

22e Jour. — Départ de Saulieu. Déjeuner à Alligny-en-Morvan. Dîner et coucher à Autun.

23e Jour. — Départ d'Autun après le déjeuner. Dîner et coucher à Nolay.

24e Jour. — Départ de Nolay. Déjeuner à Beaune. Visite de la ville de Beaune. Dîner et coucher à Beaune.

25e Jour. — Départ de Beaune. Déjeuner à Nuits-Saint-Georges. Visite de la ville de Nuits-Saint-Georges. Dîner et coucher à Dijon.

26e Jour. — Départ de Dijon. Déjeuner à Pont-de-Pany. Dîner et coucher soit à Vitteaux, soit aux Laumes.

27e Jour. — Départ de Vitteaux ou des Laumes. Déjeuner à Montbard. Visite du château de Montbard. Dîner et coucher à Ancy-le-Franc.

28e Jour. — Dans la matinée visite du château d'Ancy-le-Franc. Départ d'Ancy-le-Franc après le déjeuner. Visite du château de Tanlay. Arrivée à Tonnerre. Visite de la ville de Tonnerre. Dîner et coucher à Tonnerre.

29e Jour. — Départ de Tonnerre. Déjeuner à Flogny. Arrivée à Saint-Florentin. Visite de la ville de Saint-Florentin. Dîner et coucher soit à Brienon, soit à Joigny.

SIGNES ET ABRÉVIATIONS

Alt.	Altitude.	G.	Gauche.
Aub.	Auberge.	H.	Heure.
Bd	Boulevard.	Hab.	Habitant.
Ch.	Cher.	Hôt.	Hôtel.
Ch.-l. d'arr.	Chef-lieu d'arrondissement.	Kil.	Kilomètre.
Ch.-l. de c.	Chef-lieu de canton.	M.	Mètre.
Ch.-l. de dépt.	Chef-lieu de département.	Min.	Minute.
Dr.	Droite.	R.	Route.
		V.	*Voyez.*

Les chiffres suivis du signe '
indiquent un *nombre de minutes.*
Exemple : 12', soit douze minutes.

Les chiffres, entre parenthèses, indiquent les *distances kilométriques* séparant les localités.
Exemple : **(20.6)**, soit vingt kilomètres six cents mètres.

GUIDE DU MORVAN

ET DE LA BOURGOGNE

VILLE D'AUXERRE

Auxerre, chef-lieu du département de l'Yonne, compte 18.576 habitants.

Hôtel recommandé : — *Grand-Hôtel de la Fontaine*, 12, place *Charles-Lepère.*

Cafés : — *Milon*, 19, rue du *Temple* ; *Léon*, 11, place *Charles-Lepère.*

Arrivée à Auxerre. — Le cycliste, arrivant par le chemin de fer, se rend au *Grand-Hôtel de la Fontaine* (**1.3**—Pavé : 12'), en suivant l'itinéraire ci-dessous :

Sortant de la gare, tourner à g. dans la rue de la *Gare*, puis. un peu plus loin, à dr., dans l'avenue *Gambetta* ; celle-ci conduit au pont de l'Yonne qu'on traverse à g. De l'autre côté de la rivière, suivre en face la rue pavée du *Pont* et, à l'extrémité de cette rue tournante, inclinant d'abord à *g*. par la rue *Valentin*, on montera ensuite à dr. la rue escarpée *Paul-Bert* qui aboutit sur la place des *Grandes-Fontaines*, ornée d'une fontaine à trois vasques, vis-à-vis la halle au blé. Ici, se diriger à dr. vers la place attenante *Charles-Lepère*, où se trouve situé le *Grand-Hôtel de la Fontaine*, à g., au n° 12.

Visite de la ville d'Auxerre (environ 3 h. 1/2). — Prendre. vis-à-vis l'hôtel de la *Fontaine*, la petite rue *Galante*. On tourne à g. dans la rue de *Paris*, puis aussitôt à dr. dans la rue de l'*Horloge*. Passer sous la voûte de la Tour Gaillarde, autrefois une des portes de la cité, ensuite à dr. sous une seconde arcade donnant accès à la place *Fourier*, décorée de la statue de ce savant. A g. se trouvent la Bibliothèque et le Musée (ouverts le dimanche et le jeudi, de midi à 4 h. et tous les jours pour les étrangers).

A la sortie du musée, repasser sous l'arcade et incliner à dr. par la place de l'*Hôtel-de-Ville*, puis se diriger à g. vers la place du *Marché*. Devant le marché, la rue *Fourier*, à dr., aboutit à la place *Saint-Étienne* où s'élève la Cathédrale (à visiter : le trésor et la crypte ; monter à la tour pour le point de vue — s'adresser au sacristain ; gratification, 50 c.).

Traverser la place de la *Préfecture*, à g. de la cathédrale. Laissant à dr. la Préfecture, autrefois le palais épiscopal, on descendra la rue *Cochois*, en négligeant à g. la rue du *4-Septembre* et son arcade voûtée. Plus bas, après avoir croisé la rue du *Champ*, on atteindra la place *Saint-Germain*. Sur cette place, se trouve à dr. l'entrée de l'église (aujourd'hui laïcisée) de l'ancienne abbaye de Saint-Germain-d'Auxerre, environnée de bâtiments dont une partie est occupée par l'Hôtel-Dieu. Dans l'église, visiter les cryptes qui renferment les tombeaux des saints évêques d'Auxerre (s'adresser au concierge ; gratification, 50 c.).

En face de la grille de l'Hôtel-Dieu s'ouvre la rue du *Collège* qu'on prendra, mais on tournera presqu'aussitôt à dr. dans la rue *Saint-Germain* à l'angle d'une tour et d'une muraille crénelée qui dépendaient de l'ancienne enceinte fortifiée de l'abbaye. A l'extrémité de la muraille, quitter la rue Saint-Germain et s'engager dans la première ruelle à dr. menant au b^d de la *Chainette*, un des boulevards plantés d'arbres qui entourent la ville d'une ceinture verdoyante.

Descendant le b^d de la Chainette, à dr., on arrive au bord de l'*Yonne*. Suivre successivement à dr. les quais *Bourbon*, de la *Marine* et de la *République* jusqu'au pont, sur le terre-plein duquel est érigée la statue de Paul Bert.

Vis-à-vis le pont, la rue du *Pont* ramène dans l'intérieur de la ville. Parvenu à hauteur du n° 29, visiter l'église Saint-Pierre, à dr., puis continuer la rue du Pont dans toute sa longueur. A l'extrémité de cette rue, inclinant d'abord à g., par la rue *Valentin*, on montera ensuite la dure rampe de la rue *Paul-Bert* aboutissant sur la place des *Grandes-Fontaines*.

Ici, prendre à g. la rue du *Temple*, la plus animée de la ville, et, dans celle-ci, la rue *Saint-Eusèbe*, la première à dr. qui conduit à l'église de ce nom.

Revenir sur ses pas à la rue du Temple qu'on suivra à dr. jusqu'aux cours. A cet endroit, suivre le b^d *Davoust*, à g. ; à son extrémité se trouve la statue du maréchal Davoust, au bord d'une sorte de terrasse.

Regagner l'hôtel de la *Fontaine* par le b^d *Davoust*, la rue du *Temple* et la place des *Grandes-Fontaines* déjà parcourus.

Pour mémoire. — D'Auxerre à Tonnerre, V., en sens inverse, page 124.

D'AUXERRE A SERMIZELLES

Par Angy, Champs, Vincelles, Cravant, Vermenton, Lucy-sur-Cure, Arcy-sur-Cure, Saint-Moré et Voutenay.

Distance : **12** kil. **700** m. *Côtes :* **29** min.
Pavé : **12** min.

Nota. — Bonne route qui remonte la vallée de l'Yonne jusqu'à Cravant, ensuite la vallée de la Cure, entre Cravant et Sermizelles, enfin la vallée du Cousin au delà de Sermizelles. Les grottes d'Arcy-sur-Cure et les cavernes de Saint-Moré sont les principales curiosités de cet itinéraire.

On déjeune à Arcy où l'aubergiste se charge de prévenir le guide qui doit accompagner les visiteurs aux grottes (*V.* page 16).

C'est à partir d'Arcy que la route devient réellement pittoresque et intéressante.

Pour l'emploi de chaque journée du voyage, se rapporter à la *Division du Temps*, page X.

Sortant de l'hôtel de la *Fontaine*, tourner à dr. et, à l'extrémité de la place *Charles-Lepère*, descendre à g., vis-à-vis la fontaine aux trois vasques, la rue *Paul-Bert*. Au bas de la pente, suivre à g. la rue *Valentin* (Pavé : 10'), puis, à dr., la rue du *Pont* conduisant au pont de l'*Yonne*.

De l'autre côté de la rivière, continuer à dr. par l'avenue *Gambetta* qui mène au passage à niveau des *lignes d'Auxerre à Avallon et à Gien* (**1.5**), les voies franchies, suivre à dr. la r. d'Avallon. Celle-ci gravit une rampe de trois cents m. (4'), puis remonte insensiblement la vallée de l'Yonne que limitent de hautes collines, couvertes de cultures, sans ombrage, à l'aspect suffisamment sévère. A g., se détache (**1.6**) le ch. de Chablis (17.7) et de Tonnerre (34.4); après une petite montée (2'), le ch. (**2.2**) de Saint-Cyr-les-Colons (12.1) s'éloigne du même côté. Le village d'Angy (**0.8**) apparait à dr. ; faibles ondulations.

Un peu au delà du passage à niveau de la station de Champs-Saint-Bris (**3.3**), la r. décrit une courbe pour franchir l'Yonne, ainsi que le *canal du Nivernais*, et passer sur la rive g. de la vallée élargie. Ici, la chaussée, tracée en droite ligne, emprunte l'ancienne *voie romaine* d'Autun à Sens; à g., on aperçoit le village d'Escolives. Après un second passage à niveau, on traverse Vincelles (**5.2**) où Mme de Staël possédait un château.

Après un troisième passage à niveau, la r. s'élève (Côte : 3') et parcourt une plaine dénuée d'intérêt jusqu'à Cravant où l'on descend légèrement pour passer sous la voûte du ch. de fer, en laissant à dr. (**4.5**) l'embranchement du ch. de Mailly-la-Ville (10. 3). On traverse de nouveau le canal du Nivernais et l'Yonne à l'entrée du bourg de Cravant (**0.5**. — 1.250 hab.), petite ville jadis fortifiée qui a conservé de ses remparts deux portes et une vieille tour dite de l'Horloge.

La r. tourne à angle droit, sans pénétrer dans la ville, et atteint bientôt le confluent de la *Cure*. On remonte à présent cette vallée, ici encore assez large et peu ombragée, tandis que la vallée de l'Yonne s'écarte à dr. Légère rampe jusqu'à hauteur de la *borne 189.5* (**3**) où se détache à dr. un ch. conduisant au village d'Accolay (0.5), sur la rive g. de la rivière. On dépasse deux fours à chaux (Côte : 3'), puis une petite descente mène à **Vermenton** (**2.1** — Pavé : 2' — Ch.-l. de c. — 2 145 hab. — Hôt. du *Commerce*. — Belle église).

La r. monte plus durement (Côtes : 3', 4' et 2') et domine les restes de l'*abbaye de Reigny*, aujourd'hui transformée en ferme, située à dr., au milieu des arbres, au pied d'une longue colline dénudée. Descente vers un bassin découvert de prairies; on croise (**2**) le ch. de Reigny (0.8) à Joux-la-Ville (13.8) et, dépassant le petit village de Lucy-sur-Cure (**2.1**), on atteint celui plus important d'Arcy-sur-Cure (**3.3**).

Si l'on déjeune à Arcy-sur-Cure, pour visiter ensuite les *grottes*, on s'arrêtera à la première auberge à g., tenue par M. Rougé, et l'on fera prévenir le guide qui doit accompagner à la *Grande-Grotte* (prix d'entrée : 1 fr. par personne, si l'on est au moins trois visiteurs; 3 fr. par personne, si l'on est deux ou seul; bougie, 20 c.).

Le ch. des grottes se trouvant sur la r. d'Avallon, près d'un passage à niveau, situé à douze cents m. d'Arcy-sur-Cure (*V*. ci-dessous), on peut se rendre à ce ch. en machine; le garde-barrière prenant en dépôt les bicyclettes et automobiles pendant la visite des grottes (gratification).

On peut encore aller à pied jusqu'au ch. des grottes (**2**) en traversant le village d'Arcy à dr. Au milieu de la localité, après avoir franchi un pont en dos d'âne sur l'Yonne, se diriger à g. vers la Mairie, où le ch. bifurque. La branche de dr. mène dans la direction de l'église; de ce côté, dans le pâté de maisons voisin, se trouvent enclavés les vestiges du *château de Digogne* (XIIe s.). La branche de g., qu'il faut suivre, gravit la colline, passe au-dessous du *Grand-château* (reconstruit sur l'emplacement d'un plus ancien dont on voit encore les murs d'enceinte flanqués de cinq grosses tours), puis, un peu plus loin, auprès du *manoir du Châtenay*, petit castel Renaissance en ruine. Le ch., continuant à mi-côte, découvre une jolie vue sur la vallée et vient aboutir au passage à niveau de la r. d'Avallon, à l'angle du ch. des grottes (*V*. ci-dessous).

La r. plate, traverse une plaine, puis, une première fois, la Cure, tandis que le paysage devient intéressant; à dr., lès châteaux et les habitations d'Arcy, s'étagent au milieu de la verdure sur le flanc de la colline. Petite montée pour atteindre le passage à niveau de la *ligne de Cravant à Avallon* (**1.2**); ici, se détache à dr. le ch. conduisant aux *grottes d'Arcy-sur-Cure*.

Si l'on doit visiter les grottes, il est préférable de laisser sa machine en dépôt chez le garde-barrière.

La Grande-Grotte, située à huit cents m. du passage à niveau (**0.8** — à pied: 12'), à la base de grands rochers calcaires qui bordent une des parties les plus pittoresques de la vallée de la Cure, mesure 876 m. de longueur (durée de la visite : 1 h.). Elle renferme de nombreuses salles dont les voûtes et le sol présentent une très belle variété de stalactites et de stalagmites.

A la sortie de la Grande-Grotte, en suivant à dr. le ch., puis le sentier, le long de la Cure, on rencontre successivement : la *Grotte des Fées* (**0.4**), caverne jadis habitée, présentant une entrée grandiose en forme d'ogive; le *Grand-Abri* (**0.1**), creusé sous une vaste roche; enfin l'*entonnoir de la Cure* (**0.3**), à dr. sous un épais massif de ronces, où se précipite une partie des eaux de la rivière qui, s'engouffrant sous la montagne, vont rejoindre en aval le cours principal de la Cure.

Après le passage à niveau, on longe un moment la voie ferrée, puis on franchit de nouveau la Cure sur un pont de pierre dont les arches forment écluses. La r. passe ensuite dans un souterrain, long de trois cents m., percé en 1852 sous la *Côte de Chaux*.

A la sortie et au-dessus du souterrain (**1**), on voit se dresser, à dr. et à g., d'imposantes masses de calcaires oolithiques, escarpements en forme de bastions que creusent les intéressantes *cavernes de Saint-Moré*.

Pour visiter les **cavernes de Saint-Moré** (1 h. 1/4, aller et retour), on devra prendre, immédiatement à la sortie du souterrain, le ch. à dr. qui côtoie la Cure et passe sous la voûte du ch. de fer. Sur ce ch., à cent m. de la r. d'Avallon, un sentier se détache à dr. qu'il faut gravir (10') pour atteindre les cavernes. Ici, on a le choix de laisser sa bicyclette au bas du sentier ou de la pousser jusqu'au pied même des cavernes.

Le sentier aboutit au-dessous de la *grotte de la Colombine*, dite aussi *la Maison*, habitée par M. Leleu, dit le Troglodyte-poète moderne. Pour gagner cette singulière habitation, il faut s'aider d'une corde ainsi que des anfractuosités de la roche, mais cette courte ascension n'est nullement dangereuse. Les visiteurs sont assurés d'un poétique accueil chez M. Leleu qui tient des rafraîchissements à leur disposition et leur fait très obligeamment les honneurs de sa demeure préhistorique (très belle vue).

Les cavernes de Saint-Moré sont au nombre de quatorze. Après la Colombine, on se contente généralement de voir les deux plus voisines : la caverne de la *Roche-Percée*, ou de la *Grande-Gueule*, et celle de *Nermont*. Des sentiers, taillés en escaliers, y conduisent facilement en quelques minutes.

On traverse Saint-Moré (**0.8**), au bord de fraîches prairies, dans un site très pittoresque, en laissant à dr. le [illegible] qui conduit au gros du village. Des bois couvr[illegible] présent les collines, agréablement découpées, de la vallée plus étroite ; à dr., sur la rive g. de la rivière, s'élève un tertre isolé sur lequel se trouvait le *camp de Chora*, ancien oppidum gaulois dont il ne reste plus que de rares vestiges. Légère rampe ; puis, dépassant une courte tranchée, on arrive au joli village de Voutenay encadré de verdure.

Dans Voutenay, (**2.1** — Hôt. *Picard*), ayant franchi le ruisseau du *vau de Bouche*, on néglige à dr. le ch. de Mailly-la-Ville (**11.4**).

Sur le ch. de Mailly-la-Ville, en prenant la première rue à g., à l'angle de la *tour de l'Horloge*, on peut aller voir chez M. l'abbé

Poulaine, curé de Voutenay, un *Musée* des plus intéressants comprenant divers objets et armes de l'âge de la pierre polie, de l'âge de bronze et de l'époque gallo-romaine.

La chaussée s'élève (6') en contournant un mamelon que domine l'église de Voutenay, celle-ci précédée d'un beau calvaire avec personnages de grandeur naturelle. Après une seconde petite tranchée, la r., descendante, découvre un gracieux paysage sur la vallée: à l'horizon, dans l'échancrure des collines, apparait la ville de Vézelay juchée au sommet d'une montagne (*V.* page 69.)

On traverse la voie ferrée; la r. infléchit à g., laissant à dr. **(3.3)** le ch. qui traverse le village de Sermizelles. On passe au pied d'une pointe de colline sur le sommet de laquelle est érigée la *tour Malakoff* portant une statue de la Vierge; second passage à niveau.

A g. du passage à niveau, un sentier de piéton monte en zig-zag (15') à la **tour Malakoff**; très belle vue.

Légère rampe (2') ; à dr., se détache **(0.7)** une autre rue conduisant dans Sermizelles.

La r., à mi-coteau, décrit une courbe au-dessus du village et de la station de Sermizelles situés dans un beau fond de prairies, non loin du confluent des rivières de la Cure et du Cousin. Arrivé près d'une croix, entourée d'arbres, on laisse à dr. **(0.7)** la r. de Vézelay (9.8) pour continuer devant soi dans la direction d'Avallon.

Si l'on fait étape à Sermizelles, descendre à dr. la r. de Vézelay. Après le passage à niveau **(0.3)**, abondonner la r. et tourner à dr. sur le ch. qui borde la ligne et aboutit devant la station **(0.2)**; à g., se trouve l'excellent petit hôtel de la *Gare*, tenu par M. *Fourrey*.

Pour mémoire. — De Sermizelles à Vézelay *V.*, en sens inverse, page 70.

DE SERMIZELLES A AVALLON

Par Valloux, Vermoiron, Vault-de-Lugny, Pontaubert et Cousin-le-Pont.

Distance : **11** kil. **700** m. *Côtes :* **35** min. *Pavé :* **1** min.

Nota. — Quitter Sermizelles de bonne heure afin de pouvoir faire l'ascension du mont Marte dans la matinée. On déjeunera à l'auberge de Valloux.

De Valloux à Avallon, la route nationale étant sans intérêt, suivre le chemin indiqué dans l'itinéraire qui permet de visiter les belles gorges du Cousin, en aval, entre Pontaubert et Avallon.

Si l'on a fait étape à Sermizelles, suivre, à dr. de l'hôtel de la *Gare*, le ch. qui longe la ligne; puis traverser le premier passage à niveau, à g., pour regagner la r. d'Auxerre à Avallon (**0.5**).

Au delà de Sermizelles, on remonte la vallée du *Cousin*, tandis que celle de la *Cure* s'éloigne à dr. dans la direction de Vézelay.

Jolie courbe de la r. au-dessus du village de Givry (**0.5**), abrité à dr. au milieu des arbres. Les sommets arrondis et boisés du *mont Niètre* et du *mont Marte*, limitent de ce côté la vallée, qui s'élargit, dégageant l'horizon. La r., à peine montante, infléchit à dr., passe sous la voûte du ch. de fer et atteint le hameau de Valloux (**3.8**. — Aub. du *Cheval-Blanc*).

C'est à l'auberge du *Cheval-Blanc*, au hameau de Valloux, qu'on devra laisser sa machine en garde, si l'on veut faire à pied l'ascension du *mont Marte* (1 h. à la montée, 45' à la descente. — *V.* ci-dessous).

Au hameau de Valloux, abandonner la r. nationale d'Avallon (5.5), peu intéressante, et prendre à dr. le ch. de Pontaubert, par Vermoiron et Vault-du-Lugny.

On traverse le Cousin, sur un pont en dos d'âne, et l'on se dirige vers le mont Marte que des vignes et des bois couvrent en partie. Au premier tournant (**0.5**), se détache à dr. le ch. qu'on devra suivre à pied si l'on fait l'ascension de la montagne.

Le ch. du mont Marte rencontre bientôt un autre ch. qu'il faut parcourir à dr., pendant six m. environ, pour s'engager aussitôt à g. dans un sentier, entre des haies, conduisant vers des peupliers. Parvenu à un endroit où le sentier devient mauvais et difficile, le quitter et monter à g., à travers vignes, jusqu'au ch. de chars, transversal, de Vermoiron à Domecy. Ce ch., à dr., s'élève à flanc de coteau parmi les vignobles tout en négligeant, un peu plus haut, deux autres ch., qui s'écartent : le premier, à dr.; le second, à g.

Dépassé un taillis d'acacias et de pins, on infléchit à g. dans la direction du petit col qui relie le *mont Nièvre* (Alt. : 331 m.) au *mont Marte*. Ayant longé un nouveau bois de sapins, bientôt on arrive en vue du col. Ici, quitter le ch. de Domecy, et, traversant les champs, à g., se diriger vers le mamelon rocheux qui couronne la montagne. Après avoir traversé une haie assez épaisse, on gagne un premier tilleul isolé, puis, plus haut, trois autres tilleuls situés près des ruines de l'ancien signal géodésique du **mont Marte** (Alt. : 357 m. — Vaste panorama au sud sur tout le massif du Morvan).

Le ch. traverse le hameau de Vermoiron (**0.2**), puis serpente capricieusement dans le creux de la vallée; on passe à Vault-de-Lugny (**1.1**. — A voir : l'église).

Un ch. de chars, puis un sentier conduisent également de Vault-de-Lugny au sommet du *mont Marte* (1 h. à pied. — V. ci-dessus).

Dans le village, continuer à dr. Le ch. côtoie les douves d'un manoir ayant conservé en partie son aspect féodal avec ses fossés remplis d'eau et ses restants de tours. Forte rampe (10') jusqu'à l'entrée de **Pontaubert-en-Morvan**. A la première bifurcation, près d'une fontaine-auge, suivre à g.; quelques m. plus loin, au milieu de la localité, on rejoint (**1.5**) la r. d'Avallon à Vézelay (11.1). On passe à côté de l'église (monument historique) et devant trois fontaines décorées de lions en pierre. Courte descente, très rapide, pour traverser le Cousin, au bas de Pontaubert.

Immédiatement de l'autre côté du pont (**0.1**), abandonner la r. directe d'Avallon (3.5), banale, et s'engager à dr. sur le ch. d'Avallon, par les *gorges du Cousin* et Cousin-le-Pont.

Ce délicieux ch., sur la rive dr. de la rivière, est un des plus jolis endroits de la région avallonnaise.

Revêtant un caractère véritablement alpestre, il s'élève, sans raideur excessive, à travers un défilé encaissé entre des bois d'où émergent de magnifiques roches entourées de sapins; à g., une croix rappelle l'emplacement d'une ancienne chapelle.

Plus loin, une étroite bande de prairie sépare la r. de la rivière, celle-ci coulant, tantôt paisible, tantôt torrentueuse; sur les deux rives se dressent de beaux escarpements rocheux dont les bases sont environnées d'épais fourrés verdoyants.

On dépasse un moulin à tan, voisin des petites *îles Labaume*; à g., le *Pain de Sucre* ou *Roche de la Sœur* hérisse sa pointe aiguë. Après quelques circuits, on débouche dans l'entonnoir de Cousin-le-Pont, site étrange, du plus pittoresque effet, avec ses tanneries et son ruban d'habitations en bordure de la vieille r. de Chastellux, qui grimpe sur la colline opposée. A un dernier détour, la ville d'Avallon, juchée au sommet d'un promontoire granitique, accentue encore le paysage. On passe sous le viaduc à trois arches de l'ancienne r. d'Avallon à Chastellux, par les Grandes-Châtelaines, en atteignant les premières maisons de Cousin-le-Pont (**3.8**).

Ici, monter à g. la rue des *Iles-Labaume*, en laissant à dr. la rue *Pavé de Cousin-le-Pont* (Côte : 22'). Après un raidillon, on gagne la r. des Grandes-Châtelaines (2.6) à Avallon. Celle-ci remonte un ravin creusé entre les anciens remparts de la ville, à dr., et la colline de la *Morlande*, à g (*V.* page 23). Plus haut, on négligera la r. qui franchit le ravin à dr. et l'on continuera devant soi par le *chemin Cambon*, pour rejoindre, à l'extrémité du ravin (**1.3**), la r. directe d'Auxerre à Avallon quittée au hameau de Valloux (*V.* page 20).

La r., à dr., passe devant le cimetière et s'élève (3') jusqu'à la rencontre (**0.4**) de la r. de Chablis (39.7) à Avallon. A dr., la rue de *Paris* (Pavé : 4') conduit à la place *Vauban* dans **Avallon** (Ch.-l. d'arr. — 5.809 hab.).

Tournant à g. sur la place, on arrive presque aussitôt à l'hôtel de la *Poste et des Voyageurs*, situé à g., au n° 13 (**0.4**. — Cafés de l'*Europe*, du *Chapeau-Rouge*).

Visite de la ville d'Avallon (environ 1 h. 3/4). — A la sortie de l'hôtel de la *Poste et des Voyageurs*, tourner à dr. sur la place *Vauban* et se diriger vers la statue de Vauban érigée à l'entrée de la promenade du *Grand-Cours*, dite aussi des *Terreaux*. Traverser le Grand-Cours dans toute sa longueur, puis descendre l'escalier conduisant au *Petit-Cours*, situé en contre-bas.

A l'extrémité du Petit-Cours, laissant le bâtiment de l'Hôpital, à dr., on descend à g. la rue de la *Fontaine-Neuve*. Celle-ci longe une partie des anciennes fortifications, côtoie une première terrasse d'où l'on découvre déjà une vue pittoresque sur le profond ravin du Cousin, à dr., puis passe au-dessous de la petite promenade de la *Fontaine-Neuve*. La rue descend un peu et atteint le pied de l'escalier qui conduit à la belle terrasse, plantée de tilleuls, de la promenade de la *Petite-Porte*; vue magnifique sur le vallon encaissé du Cousin que sillonnent les routes de Pontaubert et de Chastellux.

Après être allé jusqu'à l'extrême pointe de la promenade, on rentrera en ville, à dr., par la *porte Neuve*, décorée de deux pilastres, ouvrant sur la r. de Cousin-le-Pont.

Dans Avallon, la rue *Bocquillot* mène à la place *Saint-Lazare*, où s'élève l'église de ce nom, à dr., vis-à-vis la Maison d'Arrêt. Plus loin, on passe sous la *porte* et la *tour de l'Horloge* pour pénétrer dans la *Grande-Rue* (au n° 2 de la rue Bocquillot, immédiatement avant la tour de l'horloge, demeure le gardien du musée archéologique de la Société d'Etudes, placé dans une des salles de la tour; gratification).

La Grande-rue traverse la place de l'*Hôtel-de-Ville*, ornée d'une fontaine surmontée d'une statue en bronze; à dr., l'Hôtel de Ville renferme un petit musée de peinture (pour visiter s'adresser au concierge ; gratification).

A l'extrémité de la Grande-rue, on regagne la place *Vauban*. Ici, suivre à dr. la rue de *Lyon* jusqu'à hauteur de l'église *Saint-Martin*, à dr., qui fait face au théâtre et à la belle promenade des *Capucins*. Celle-ci, à g., conduit dans la direction de la gare.

De la promenade des Capucins, revenir à l'hôtel.

Excursions recommandées au départ d'Avallon. — Le cycliste qui séjourne à Avallon peut faire trois jolies promenades, à pied, aux environs immédiats de la ville : à l'ouest, au **plateau de la Morlande** (45', aller et retour); au sud, au **camp des Alleux** (1 h. 30', aller et retour); à l'est, au **hameau des Chaumes** et au **Bois-Dieu** (2 h. 30', aller et retour). De ces divers points, la vue sur Avallon et ses ravins est très belle.

La vallée du Cousin, en amont d'Avallon (**23 kil. 700** m., aller et retour. — Côtes : 2 h. 15' — Pavé : 10').

Itinéraire : A la sortie de l'hôtel de la *Poste et des Voyageurs*, suivre à g. la rue de Lyon pendant trois cents m. (Pavé : 5'), puis prendre la première rue à dr. (**0.3**) qui commence la *route de Lormes*.

Descente par deux lacets rapides dans le ravin des *Minimes*, creusé à l'est de la ville, entre des jardins étagés en amphithéâtre au-dessous des anciens remparts, à dr., et la *colline des Chaumes*, à g. (*V.* page 23) ; vue curieuse de l'éperon granitique qui porte Avallon. Au bas de la pente, au faubourg de Cousin-la-Roche (**1.5**), on laisse à dr. la rue des *Deux-Cousins*.

La rue des *Deux-Cousins*, prolongée par la rue *Saint-Martin*, conduit à Cousin-le-Pont (**0.6** — Côtes : 10', aller et retour) autre faubourg d'Avallon situé sur la r. de Pontaubert (*V.* page 22). Si l'on veut voir la courte partie de la gorge comprise entre les deux Cousins, faire ce trajet puis revenir à la r. de Lormes.

La r. de Lormes monte (2') et, après une petite tranchée, atteint le **pont Claireau** (**0.5**), jeté sur le *Cousin*. Ne pas traverser ce pont, par où s'éloigne la r. de Chastellux et de Lormes (*V.* page 29), mais suivre à g. le ch. de Méluzien et de Magny. Celui-ci remonte, en ondulant (quatre raidillons : 4'), la rive dr. de la vallée du Cousin dont les défilés rocheux alternent avec de fraîches prairies ; à g., se dressent par intervalles de beaux escarpements aux tons rosés, tandis que plus loin, à dr., une passerelle rustique relie la r. aux prés.

Au hameau de Méluzien (**2.9**), se détache à g. le ch. d'Avallon (3.8), par Chassigny (1.1) ; deux montées (1' et 2'), puis descente vers le joli bassin de prairies qui encadre la plus grande agglomération de Méluzien.

Ici, on abandonne la vallée du Cousin, à l'entrée d'une gorge sauvage, inaccessible, et, obliquant à g., on remonte un vallon latéral ; longue côte de deux kil. (30') à travers les *bois d'Amont*. Le ch. infléchit ensuite à dr. en descendant vers un ravin aride, puis s'élève encore (5') jusqu'à Magny (**3.1**) sur un plateau fortement ondulé ; devant l'église du village, prendre à dr. le ch. de Chastellux (Côte : 7').

Arrivé au premier croisement de r. (**0.7**), continuer à dr. (Côte : 4'). Une descente rapide de quinze cents m., à tournants brusques, ramène vers la vallée du Cousin au pont du *moulin Cadoux* (**1.8**) dans un site ravissant quoique sauvage ; on franchit la rivière.

De l'autre côté du pont, un sentier de piétons, à dr., longe en aval le bord de la rivière et conduit au *Crot de la Foudre* (**2** — 30' — se méfier des vipères), site grandiose de la gorge du Cousin, à un endroit où la rivière, resserrée entre des blocs énormes et des roches surplombantes, reçoit le ruisseau de *Marrault*.

Deux cents m. après le pont, dans le voisinage du bief du moulin Cadoux, on laisse à g. (**0.2**) un autre sentier de piétons, en bordure de la rivière, et l'on gravit sous bois une nouvelle côte de deux kil. (35').

Le sentier de piétons mène au *chêne de la Peur* (**1** — 15' — se méfier des vipères). A la première passerelle rustique, traverser le Cousin. Près de là on aperçoit le vieux chêne situé à côté du torrent.

Parvenu au sommet de la rampe, sur le plateau, on découvre un horizon étendu limité par les monts du Morvan. Descente au village de Marrault (**2.3**), où se détache à g., près d'une mare, le ch. de Quarré-les-Tombes (10.6). La descente se prolonge jusqu'à la rive de l'*étang du Moulin* dans le pli découvert d'un vallonnement dont le paysage dégage une grande douceur.

Un peu plus loin, près d'une auberge (**1.2**), quitter la direction de Chastellux (9) et suivre à dr. la r. d'Avallon. Celle-ci, s'éloignant du ravin du ruisseau de *Marrault*, infléchit vers la g. et s'élève par une côte de quinze cents m. (25') à travers les *bois Boussadon* et des *Courtois*. On descend ensuite pendant plus de quatre kil. un ravin boisé, très pittoresque, pour rejoindre dans la vallée du Cousin l'embranchement (**6**) de la r. d'Avallon à Chastellux (11.3) et à Lormes (27.1). Cinq cents m. plus bas, on franchit la rivière au *pont Claireau*, à la bifurcation (**0.6**) du ch. de Méluzien.

Du pont Claireau à l'hôtel de la *Poste et des Voyageurs*, dans Avallon (**2.3**. — Côte : 25' — Pavé : 5'), *V.*, en sens inverse, le début de l'excursion.

Le bourg de Montréal, les ruines des châteaux de Thizy, de Montelon, de Pisy et la gorge du Serein (62 kil. 100 m., aller et retour. — Côtes : 2 h. 58' — Pavé : 10').

Cette excursion, un peu longue, pourra être abrégée de 12 kil. 600 m., en prenant au retour, à la gare de Saint-André-en-Terre-Plaine (*V.* page 71), le train de 7 h. 26 qui ramène à Avallon en vingt minutes.

Déjeuner soit à Montréal, après la visite du bourg., soit à Santigny.

Itinéraire : A la sortie de l'hôtel de la *Poste et des Voyageurs*, suivre à g. la rue de *Lyon* dans toute sa longueur (Pavé : 5'). Hors la ville, on laisse à dr. (**0.8**) la r. nationale, dans les directions de Rouvray (17) et de Semur, pour prendre à g. la *route de Savigny*.

Celle-ci, légèrement montante, croise la *ligne d'Avallon à Semur* et parcourt une plaine banale.

A Sauvigny-le-Bois (**3** — Côte : 5'), négligeant la r. de Cussy-les-Forges (7), à dr., on continuera jusqu'en vue de l'église où l'on s'engage à dr. sur le ch. d'Aisy. Ce ch. monte (5'), puis, au hameau de Faix (**0.9**), infléchissant vers l'est, court sur la crête d'une plaine formant promontoire entre les larges vallées de deux affluents du *Serein*.

Une agréable descente de trois kil., presque en ligne droite, suivie d'une petite côte (5'), mène à Montréal (Café-restaurant du *Commerce*, modeste), bourg en partie perché sur un monticule isolé. Arrivé à la petite place où s'élève une croix, entourée d'arbres (**7.2**), on aperçoit à g. la *porte d'En-bas*, donnant accès dans l'ancienne cité.

Pour visiter le *bourg de Montréal* (à pied : 30', aller et retour), on doit passer sous la *porte d'En-bas* et gravir la rue escarpée, bordée de vieilles maisons du XIVe, XVe et XVIe s., qui conduit à la *porte d'En-haut* et à l'église. Cette dernière, remarquable par la pureté de son style, renferme un magnifique rétable et de très belles stalles sculptées. Ne pas manquer de faire le tour de l'église, par le cimetière, pour admirer le panorama immense qu'on découvre de ce point sur l'Avallonais et la vallée du Serein.

A la place de Montréal, voisine de la *porte d'En-bas*, quitter la r. d'Aisy et prendre à g. le ch. de Thizy ; descente rapide en contournant la butte de Montréal. On franchit le *Serein* et l'on arrive vis-à-vis la *ferme de Chéris*, autrefois abbaye fortifiée (**1.8**). Ici, tourner à g. et, à l'extrémité du mur de la ferme (**0.2**), reprendre à dr. le ch. de Thizy ; longue côte de deux kil. (30').

Plus haut, traversant le passage à niveau devant soi, on montera, de l'autre côté de la ligne, le ch. du milieu. Il passe au pied du château de Thizy, puis, joignant le ch. de Talcy, tourne à g. dans la direction de l'église de Thisy, où l'on s'arrêtera pour visiter le château contigu (**2.3**).

Le *château féodal de Thizy*, aujourd'hui en partie transformé en ferme, présente encore de belles tours et un chemin de ronde bien conservés. De la plate-forme de chaque tour, la vue est merveilleuse.

De Thizy, redescendre à la *ferme de Chéris* (**2.5**) où, laissant à dr. le ch. de Montréal, par lequel on est venu, on continuera directement pour gagner le carrefour où croisent les r. (**0.9**) de l'Isle-sur-Serein (6.2) et de Châtel-Gérard (10.6) à Guillon (5.2) et de Montréal (1.8) à Aisy (23.1).

A ce carrefour, quitter la r. directe de Guillon, et monter la deuxième r. à g., celle d'Aisy. Elle gravit (30') deux longs lacets tracés sur le flanc d'une colline en partie plantée de vignes. A mi-côte, se détache à dr. (1.7) un ch. de terre qui mène à la ferme et aux ruines du château de Montelon.

Le *château de Montelon* (à pied ; 40', aller et retour), dont il reste peu de chose, se trouve aujourd'hui enclavé au milieu des bâtiments d'une grande ferme qu'on aperçoit à dr. de la r. (**0.2**). Après avoir visité les ruines du château, on peut traverser la cour de la ferme et franchir une porte qui donne accès sur une petite lande ; un sentier, vis-à vis, conduit à un ch. de chars transversal (**0.3**). Ce ch., qui descend à dr., borde l'enclos de *l'ermitage de Saint-Ayeul* où l'on peut pénétrer par un portail situé à g. (**0.1**). Dans l'enclos, près d'une ancienne chapelle, à présent une grange, se trouvent deux fontaines qui débitent une eau excellente; très belle vue sur la vallée du ruisseau de *Périgny*.

La côte se prolonge sur un plateau dénué de tout ombrage, mais non sans caractère ; puis l'on gagne à plat le village de Santigny (**4.2** — Aub. *Goulard*) où s'écarte à g., à l'angle de l'église (jolie façade), le ch. de Marmeaux (3.3). Cent m. plus loin, aux dernières maisons (**0.1**), abandonner la direction d'Aisy et monter à dr. (3') le ch. de Pisy ramenant sur le plateau monotone.

Ce ch., qui infléchit à g. (**0.3**), devant celui de Cormarin (2.2), s'élève d'abord légèrement, puis plus durement (4') pour rejoindre une r. transversale (**1.4**) qu'ils faut prendre à dr. On gagne ensuite par une grande courbe l'église de Pisy (**0.6**). Ici, tourner à dr. sur le ch. de Vignes passant, plus bas, devant l'entrée du massif château-fort de Pisy (**0.1**).

Le *château de Pisy*, converti en ferme, offre encore de beaux vestiges, tels que salles avec cheminées monumentales, chapelle, escalier. Entrer dans la cour pour visiter.

Le ch. décrit de grands lacets, en descendant au-dessous de la rébarbative forteresse, pour venir traverser le ruisseau de *Perigny* (**1.9**) et ses prairies. On remonte ensuite (15') le versant opposé du vallon; puis la descente reprend vers la vaste vallée-plaine qu'arrose le Serein; à g. s'éloigne (**2**) le ch. d'Epoisses (5.2).

On contourne un monticule couvert de vignobles et l'on descend à Vignes (**0.8**). Au delà de ce village, négligeant à dr. (**0.5**) le ch. de Cormarin (3.2) et de Santigny (6), continuer à g. pour atteindre **Guillon** (**2.2**. — Ch.-l. de c. — 811 hab. — Hôt.-aub. *Picoche*) dont les maisons se cachent derrière un pli de terrain au bord du Serein.

Dans ce village, on néglige le ch. de Périgny (4.1), à dr., et, inclinant à g., on passe à g. de l'église. La rue décrit une courbe, puis débouche devant la rivière

De l'autre côté du pont (**0.3**), négligeant à dr. la r. d'Avallon (16), par La Maison-Dieu (5.1), et, vis-à-vis, le ch. de Sauvigny-en-Terre-Plaine (1.9), tourner à g. pour suivre le ch. qui côtoie la rivière. Bientôt une rampe courbe (Côtes : 7' et 2') conduit, après la voûte du ch. de fer, sur une immense plaine de culture, au croisement (**2.6**) de la r. d'Avallon à Semur.

Ici, tourner à g. dans la direction de Toutry; on entre dans le dép[t] de la Côte-d'Or (**0.1**). Trois cents m. plus bas, abandonner (**0.3**) la r. de Semur et, laissant à g. le village de Toutry, on suivra à dr. le ch., bordé du télégraphe, qui conduit au hameau ouvrier des *usines métallurgiques de Montzeron*, à l'entrée du vallon du Serein, à présent resserré en une gorge des plus pittoresques.

A Montzeron, on laisse à g. le pont de la propriété du directeur et, un peu plus loin, on franchit à g. la rivière sur un autre pont pavé (**1**). A cet endroit, les chauffeurs devront descendre de voiture, tandis que les cyclistes peuvent continuer à dr., devant les ateliers, pour gagner un ch., seulement cyclable, qui côtoie le canal latéral du Serein.

Plus loin, à l'extrémité du canal, près du bief, le ch. devient sentier. Suivre ce sentier (à pied : 7') jusqu'à la clôture d'un pâturage (**1.6**). Laisser ici sa machine et traverser le pré dans toute sa longueur (3') pour arriver à l'endroit où l'on découvre le mieux, à dr., les ruines du *château de Beauvoir* juchées sur un rocher, dans un site romantique.

Revenir ensuite au ch. de Guillon (**3** — Côte : 6'). Du ch. de Guillon à Avallon (**17.8** — Côtes : 8, 3', 25', 2', 12', 2', 1', 4', 3', 2' et 4' — Pavé : 5'), *V.*, en sens inverse, l'itinéraire d'*Avallon à Semur*, page 72.

Pour mémoire. — D'Avallon à **Saint-Père** et à **Vézelay**, par Cousin-le-Pont (**2.1**), Pontaubert (**1.2**), le col de la Croix-de-Montjoie (**5.1** — Alt. : 320m.), Fontette (**1.3**), Saint-Père (**2.1**) et Vézelay (**2.3**).

D'Avallon à Pontaubert, *V.*, en sens inverse, page 22.

Au milieu de Pontaubert, on laisse à dr. le ch. de Vault-de-Lugny et, à g., le ch. d'Island. La r. ondule ensuite fortement à travers une région variée de prairies, de vignes et de champs. Longue montée, solitaire, en partie très dure, jusqu'au col de la Croix-de-Montjoie; magnifique vue. Descente rapide vers la vallée de la Cure, rivière qu'on franchit en entrant à Saint-Père.

De Saint-Père à Vézelay, *V.* page 69.

D'Avallon à **Pierre-Perthuis**, par Cousin-le-Pont (**2.1**), Pontaubert (**1.2**), Island (**2.1**), Ménades (**3.5**), Précy-le-Mou (**2.5**) et Pierre-Perthuis (**1**).

D'Avallon à Pontaubert, *V.*, en sens inverse, page 22.

Dépassé l'église de Pontaubert, laissant à dr. le ch. de Vault-de-Lugny et, devant soi, la r. de Vézelay, on prend à g. le ch. d'Island. Après ce village, forte montée pour gagner l'arête (Alt. : 260 m.) qui sépare le bassin du Cousin du bassin de la Cure ; très belle vue. La r. descend ensuite jusqu'au pittoresque pont de Pierre-Perthuis (*V.* page 68).

D'**Avallon** à **Saulieu**, par la Tuilerie-de-Cercé (**4.6**), Cussy-les-Forges (**5.5**), Sainte-Magnance (**4** — A voir : l'église), Rouvray (**4** — Hôt. de la *Poste*), La Croisée (**2.5**), La Roche-en-Brénil (**5.5**), La Croix-Molphey (**4**), Chanteau (**3**), Le Péron (**3**) et Saulieu (**2** — *V.* page 37).

D'Avallon à Cussy-les-Forges, *V.* page 71.

Au delà de Cussy-les-Forges, la r. de Saulieu continue fortement ondulée au milieu de prairies et de champs assez monotones. Après le hameau de La Croix-Molphey, le paysage devient plus pittoresque ; on traverse la *forêt de Brenil*, parsemée de jolies clairières, et on laisse à dr., à la sortie du bois, le petit *étang du Péron*.

D'**Avallon** à **Semur**, *V.* page 71.

D'AVALLON A QUARRÉ-LES-TOMBES

Par Cousin-la-Roche, Chastellux et Saint-Germain-des-Champs.

Distance : **26** kil. **700** m. *Côtes :* **2** h. **38** min.
Pavé : **5** min.

Nota. — Itinéraire très accidenté ; côtes nombreuses ; on monte presque constamment. Quitter Avallon de bonne heure afin de pouvoir visiter le château de Chastellux avant 11 h. du matin. Compléter l'étape en faisant l'excursion du monastère de la Pierre-qui-Vire, près de Quarré-les-Tombes.

D'Avallon à Cousin-la-Roche et au *pont Claireau* (**2.3**. — Pavé : 5'), *V.* page 24.

Au delà du pont Claireau, on suit un moment la rive g. du *Cousin* ; puis, la r., négligeant à g. (**0.6**) le ch. de Quarré-les-Tombes (16.5), par Marrault (6.8), s'engage dans l'étroit vallon boisé du ruisseau de *Montmain*. Longue rampe de sept kil., faisable partie en machine, partie à pied (30', 5', 25' et 3').

A la sortie du bois, la r., toujours montante, traverse une région découverte de culture, fortement bossuée. A g., se détache (**1.8**) le ch. de Marigny (13.3), en vue du village de Montmardelin.

Rentré sous bois, on rejoint (**0.9**) l'ancienne r. d'Avallon, un peu avant le croisement (**1.1**) de la r. de Vézelay (14.1) à Quarré-les-Tombes (11.2). Belle descente de trois kil. six cents m. vers le bassin de la vallée de la *Cure*, entouré de monts; tandis que plus bas le cours encaissé de la rivière creuse un tortueux défilé au-dessous de la colline contre laquelle s'adosse le *château de Chastellux* dans un ravissant décor.

Après avoir dépassé à g. (**2.8**) le ch. de Saint-Germain-des-Champs (à prendre au retour de Chastellux). faire attention : parvenu à hauteur de la *borne 13.4* (**0.3**), près d'une auberge, on abandonnera la r. de Lormes (14.8) pour descendre à dr. le ch. rapide qui mène au hameau du Pont, situé en contre-bas de la r.

A Pont (**0.1**), s'arrêter à dr. à l'hôtel-auberge du *Maréchal-de-Chastellux* (bonne maison, quoique de modeste apparence), soit pour déjeuner, soit pour déposer en garde sa machine pendant la visite du château.

Si l'on préférait aller directement, en machine, jusqu'au château. sans s'arrêter à Pont, on pourrait, depuis la *borne 13.4* (*V.* ci-dessus). continuer la r., de Lormes en négligeant à dr. le ch. qui mène au hameau. Au bas de la descente, la r. franchit le profond ravin de la Cure sur un magnifique viaduc de 12 arches. Parvenu vis-à-vis la *borne 14* (**0.6**), on quitte la r. pour monter, à dr., le ch. de la Rue Périn (1.3 — Côte : 3') qui conduit à la grille du parc du château (**0.3** — *V.* ci-dessous).

Dans le cas où l'on se serait arrêté à Pont, pour se rendre au château (Durée de la visite : 1 h. 1/4 ; ouvert tous les jours aux visiteurs, en faisant passer sa carte, sauf entre 11 h. et 2 h. ; gratification au domestique qui conduit), on traversera la Cure sur le vieux pont voisin de l'hôtel. De l'autre côté du pont, se trouve une des grilles du parc du château (presque toujours ouverte ; si elle était fermée, faire le tour de la propriété par le ch. à dr. qui passe, plus haut, près de l'église du village et aboutit à l'entrée des communs); pousser cette grille et monter le ch. vis-à-vis. Il oblique à g. (belle vue du viaduc portant la r. de Lormes) et conduit vers le bâtiment des écuries où l'on s'adressera pour visiter.

Le **château de Chastellux**, qui appartient au comte Henri de Chastellux, date de 1116, mais fut remplacé au XVIe siècle par le château actuel. A l'intérieur, les appartements et les salles, décorés avec goût, renferment une belle collection d'objets anciens, d'armes et de portraits, rappelant le souvenir de l'une des plus vieilles et des plus illustres familles de France.

Des terrasses du château, la vue est merveilleuse sur la vallée encaissée de la Cure et toute la région environnante.

Du château, on se rend à l'*église paroissiale*, voisine des communs. Dans la chapelle latérale de g. subsistent de nombreux monuments funéraires de la famille de Chastellux.

Pour mémoire. — De **Chastellux** à **Lormes**, par La Bascule (**4**), Saint-Martin-du-Puits (**5**), Les Granges (**2.4**) et Lormes (**5.2**. — V. page 65).

Cette jolie r. dépasse le hameau du Pont, à dr., en contre-bas, et franchit la *Cure* sur le beau pont viaduc. Montée de trois kil., en partie en corniche, au-dessus de la rive g. de la Cure, et, plus loin, sur le versant de la rive g. du ruisseau de *Cressant*. Après le hameau de La Bascule, rampe douce suivie d'un plateau, légèrement ondulé, laissant apercevoir à g., par intervalles, le vallon de Cressant, puis le petit *étang* et le *château de Vesigneux* (où Vauban fut présenté au Grand-Condé en 1650).

La r. néglige le village de Saint-Martin-du-Puits, à g., sur une hauteur, puis descend pendant trois kil. On côtoie à g. le petit *étang de Riacieux* (ou *étang sucré*) ; ensuite apparaissent : à g., le *château des Granges*, et, à dr., celui de *Grandpré*.

Une nouvelle montée de quatre kil., à travers des bois entrecoupés de belles prairies, précède une courte descente vers Lormes.

De l'auberge du *Maréchal-de-Chastellux* (ou du château), revenir sur ses pas par la r. d'Avallon, jusqu'au ch. de Saint-Germain-des-Champs (**0.7** — Côte : 10') qu'on prend à dr. Ce ch. débute par une côte de neuf cents m. (12') découvrant un panorama splendide sur la vallée de la Cure, le viaduc de la r. de Lormes et le château de Chastellux.

Dépassé le hameau de La Rivière (**0.5**), on pénètre dans le massif montagneux du Morvan que caractérisent des vallonnements accentués, entrecoupés de landes, de pâtures et de bouquets de bois, divisés par des haies; tandis qu'au loin s'arrondissent des sommets plus élevés, couverts de sombres forêts.

Le ch. escarpé, presque toujours montant (Côtes : 2', 2' et 12'), rejoint (**2.8**) la r. de Vézelay (16,7) à Quarré-les-Tombes; tourner à dr. dans la direction de l'église de Saint-Germain-des-Champs (**0.2**).

Descente très rapide partagée par deux raidillons (1' et 2'). La contrée s'accidente de plus en plus; à dr., un étang embellit le paysage mouvementé. Forte côte de treize cents m. (20'). A dr., s'écarte (**1**) le ch. de Marigny-la-Ville (7.7); à g., s'éloigne (**1**) le ch. de Saint-Brancher (5 2). Après un tournant, dans des taillis, le clocher de Quarré apparait sur une colline lointaine.

Série de descentes et de côtes (2', 2', 12' et 6'); on dépasse successivement les hameaux de Lautreville (**1.1**) et de Velars (**1.3**); à dr., s'allonge une chaine de monts, couronnée de forêts, qui sépare le bassin de l'Yonne de celui de la Nièvre. A la jonction (**1.6**) de la r. d'Avallon (17), par Marrault (7), continuer à dr.

La r. monte (7') dans le hameau de La Gorge (**0.7**); puis, descendante, vient longer un bel étang où se mire la colline de Quarré. Côte courbe (5') pour gagner la place de l'église de **Quarré-les-Tombes** (**2** — Ch.-l. de c. — 2.108 hab. — Café du *Centre*).

Après avoir dépassé le portail de l'église, si l'on veut déposer son bagage à l'hôtel avant d'entreprendre l'excursion au monastère de la Pierre-qui-Vire (*V.* page 33), traverser la place et se diriger vers l'hôtel de la *Poste* situé à l'autre extrémité de cette place.

Quarré-les-Tombes (Alt. : 455 m.), dont le climat est excellent, doit son surnom à la singulière agglomération, encore inexpliquée, d'un très grand nombre de tombes en pierre, trouvées vides aux alentours; ce qui a fait supposer qu'il existait jadis à Quarré un entrepôt de cercueils. Une véritable ceinture de ces curieuses tombes, alignées sur un terre-plein, entoure l'église.

Quarré, doté d'un excellent hôtel, est appelé à devenir un centre d'excursions dans le pays morvandiau. Sa belle *forêt au Duc*, voisine, où l'on peut faire de ravissantes promenades, retient aussi, à Quarré les touristes désireux de trouver réunis, le bon air, la tranquillité et le bien-être.

Excursion recommandée au départ de Quarré-les-Tombes. — Le monastère de la Pierre-qui-Vire (11 kil. 800 m., aller et retour — Côtes : 57').

Itinéraire : Suivre, derrière le chevet de l'église, la r. de Saint-Léger-Vauban. On descend rapidement le penchant des grands vallonnements du bassin du *Cousin*, très découvert dans ces parages; à dr., la *forêt au Duc* assombrit le sommet des monts. On laisse à g. (**1**) un premier ch. vers Rouvray (12.4), puis la r. (**1.3**) de Saint-Léger-Vauban (2.5), pour continuer à dr. vers les hameaux du Moulin-Colas (**0.2** — Côte : 2') et de Trinquelain (**1.2**). A l'entrée de celui-ci, on franchit une première fois le Cousin, ici appelé le ruisseau de *Trinquelain*, ensuite on tourne à dr. au milieu du hameau.

La r. décrit une courbe, avec la vallée, au pied d'un éperon rocheux; elle traverse de nouveau la rivière, ensuite s'élève par une côte dure (25') jusqu'au hameau de Vaumarin (**2.2**); belle vue du monastère de la Pierre-qui-Vire, dont les bâtiments surgissent d'un océan de verdure au fond du vallon tapissé de bois épais.

A Vaumarin, on dépose les machines en garde à la dernière maison, à g., et l'on continue l'excursion, à pied, jusqu'au monastère (50', aller et retour). On suit encore la r. de Saulieu (20) pendant deux cent cinquante m., mais on la quitte au premier tournant pour s'engager à g. dans un ch. de chars qui traverse le ravin.

Au bas, après le petit pont sur la rivière, remarquer à dr. un *chemin de Croix*, dont les stations sont taillées dans des blocs superposés de roches. Ne pas s'engager dans cette direction, mais gravir le ch. escarpé vis-à-vis le pont ; il aboutit à un mur de clôture qu'il faut longer à g. On atteint ainsi une plate-forme où s'élève la *Pierre-qui-Vire*, ancien dolmen, aujourd'hui surmonté d'une statue de la Vierge, qui a donné son nom au monastère. Suivant toujours le mur, on rejoint une r. de voitures qui vient de Quarré-les-Tombes, par Saint-Léger-Vauban, et bientôt on arrive à l'entrée du couvent.

Le *monastère de Sainte-Marie de la Pierre-qui-Vire*, fondé en 1850 par le R. P. Muard sur des terrains donnés par la famille de Chastellux, appartient aux religieux Bénédictins. La basilique est toujours ouverte; la visite intérieure du couvent a lieu à 11 h. du matin, 2 h. 1/2 et 5 h. 1/4; mais le site environnant le monastère est le principal attrait qui puisse attirer les promeneurs.

Du monastère, revenir par le même ch. à Vaumarin. De Vaumarin à Quarré-les-Tombes (**3.0** — Côtes : 25' et 5'), *V.* le début de l'excursion, en sens inverse.

Pour mémoire. — De Quarré-les-Tombes à Lormes, par Crottefou (**1.8**), Marigny-l'Église (**3**), Le Pont (**3**), Chalaux (**0.5**), L'Huis-Barat (**1**), Saint-Martin-du-Puy (**3.5**) et Lormes (**8** — *V.* page 65).

Cette r., très intéressante, est aussi très accidentée. On descend pour franchir la Cure à cinq cents m. avant le hameau de Crottefou, ensuite on monte par de grands contours au village de Marigny-l'Église, situé sur le bord d'une arête qui sépare la vallée de la Cure de celle de son affluent le *Chalaux*; vue magnifique.

La r., descendant à travers des rochers et des taillis, parcourt une des plus ravissantes contrées du Morvan; paysages charmants et variés. On franchit la rivière de Chalaux au hameau du Pont, dans un pittoresque bassin de prairies, puis le ruisseau des *Goths* que domine à g. le village de Chalaux. La r. remonte ensuite longuement; après le hameau de l'Huis-Barat, elle décrit de grandes courbes avant de descendre vers Saint-Martin-du-Puy. Trajet agréable jusqu'à Lormes.

DE QUARRÉ-LES-TOMBES A SAULIEU

Par Champlois, Les Lavaults, L'Huis-Laurent, Bornoux, le pont du Montal, Les Petites-Fourches (Saint-Brisson), Les Corniots, Le Petit-Vernet et Eschamps.

Distance : **30** kil. **500** m. *Côtes :* **2** h. **21** min. *Pavé :* **7** min.

Nota. — Itinéraire très accidenté, longues rampes. Sur ce parcours on trouve une seule auberge, très modeste, à Saint-Brisson, où l'on peut au besoin s'arrêter pour déjeuner.

Quittant l'hôtel de la *Poste*, traverser la place et se diriger vers l'église. A son chevet, descendre la première r. à dr. qui est celle de Saint-Brisson (14.1). Elle monte (15'), après avoir dépassé le hameau de Champlois, et pénètre dans la *forêt au Duc*.

Parvenu à hauteur de la *borne 18.3* (**1.9**), devant une maison de garde, se détachent : à g. de la maison, la r. forestière de la Gravière, et, à dr., un ch. qui conduit dans la direction de la *roche des Fées*.

La **roche des Fées**, située à environ quinze cents m. de la maison forestière, présente une crête de granit, découpée en aiguilles. Du sommet de cette roche, on découvre une vue magnifique sur la vallée du *Cousin*.

Plus haut, on laisse à dr. (**0.1**) la r. forestière de Dun (5.6), peu recommandable, et, à g. (**0.2**), le ch. des Guichards (2.8). Trois montées se succèdent rapprochées (5', 3' et 8'); ensuite on sort de la forêt en négligeant à g. (**2.3**) le ch. des Mathieux (0.5).

Le petit plateau ondulé des Lavaults (**0.9** — Côtes : 4', 2' et 4') offre de belles échappées de vue par l'ouverture des ravins. On passe (**0.8**) du dép^{t} de l'Yonne dans celui de la Nièvre; puis, laissant à g. (**0.6**) le ch. de Saint-Agnan (4.6), on atteint l'embranchement (**0.3**) du ch. des Places.

Ici, abandonner la r. directe de Saint-Brisson (7.5) et suivre à dr. celle des Places. Ravissante descente d'un vallon égayé par les coquets hameaux de l'Huis-Laurent et de Bornoux (**2**). Dans ce dernier, la r. infléchit brusquement à g. et monte (3'); elle descend ensuite un autre vallon latéral, très pittoresque, conduisant au *pont du Montal* (**2.2**), sur la *Cure*.

Ne pas traverser le pont (direction de Montsauche, à 11 kil., par Dun-les-Places à 2 kil.), mais continuer devant soi en remontant la rive dr. de la Cure que bordent à g. les escarpements de la *forêt de Breuil* (Côte : 15').

Un kil. plus loin, quittant la vallée de la Cure, on remonte (45') la gorge boisée, sauvage et solitaire du ruisseau du *Vignan* qui coule au pied des pentes rapides de la *forêt Chenue*, à dr. On dépasse à g. un groupe de trois grandes aiguilles, dit la **roche du Chien** (**1.1**), dans un des sites les plus visités du Morvan.

Un kil. au delà de la roche du Chien, s'ouvre sur la droite un ch., nouvellement établi, qui conduit en pleine forêt (à pied, 20') au **dolmen** ou **fort Chevresse**, assemblage de roches considéré sans preuve comme un monument mégalithique.

Sortie brusque des gorges, en vue du petit bassin supérieur des prairies du Vignan, dominé à dr. par le village de Saint-Brisson. Au hameau des Petites-

Fourches (**1.6**), on croise la r. directe de Quarré-les-Tombes (13.6) à Saint-Brisson (0.8 — aub. *Ligeron*).

A cette bifurcation, le cycliste a le choix de continuer vers Saulieu, comme il est indiqué dans l'itinéraire, ou de se rendre à dr. vers Saint-Brisson pour déjeuner modestement à l'auberge *Ligeron* (œufs, saucisson, côtelettes). Dans ce cas, on descend à dr. la r. de Saint-Brisson et, après avoir côtoyé un moment le bel *étang Taureau*, on monte (7') vers l'église du village (**0.8**) ; l'auberge est située un peu plus haut à dr. sur la place (**0.2**).

De Saint-Brisson, on peut gagner directement Gouloux, puis Montsauche (V. page 38), dans la direction du *lac des Settons* et de Château-Chinon, sans passer par Saulieu. Le ch. descend vers un vallon de prairies marécageuses et franchit un ruisseau pour monter (15') dans la *forêt Chenue* où l'on rejoint, à la lisière du bois (**2.2**), la r. de Saulieu à Montsauche.

La r. s'élève encore durement (25'), laisse à dr. (**0.3**) un second ch. vers Saint-Brisson, puis longe le parc du *château de Saint-Brisson*. De ce côté, derrière un rideau de sapins, apparait la nappe d'eau du joli *étang Taureau*, au milieu d'une contrée ravissante. La montée finit à l'embranchement (**1.7**) d'un troisième ch., à dr., de Montsauche (14), par Saint-Brisson (2).

Ayant franchi l'arête qui sépare le bassin de la Cure de celui du Cousin, on descend un peu parmi des bois ; le paysage s'éclaircit graduellement. Après le hameau des Corniots (**0.8**), la r., au sol teinté de rose, entre dans le dép[t] de la Côte-d'Or, puis rejoint (**0.7**) plus bas, au hameau du **Petit-Vernet**, la r. directe de Saulieu à Montsauche (15), par Gouloux (8).

On traverse un plan étendu de prairies ainsi que le Cousin, ici un ruisseau. Légère montée (3') vers la butte, plantée de sapins, que couronne le *château d'Eschamps* (**2.3**) dans un triste état de délabrement.

Après une rampe sous bois (Côtes : 6' et 3'), on parcourt une région assez plate, entrecoupée de pâtures et de landes, à l'horizon rétréci ; à dr., se montre l'*étang de Chailloux*. La r. décrit plusieurs courbes et atteint le bord du plateau ; on domine la grande vallée de Saulieu en découvrant à dr. un pays très montagneux, parsemé de forêts.

A hauteur de la *borne 9.7* la r. bifurque; suivre la branche de dr.

La ville de **Saulieu**, la capitale du Morvan bourguignon (Ch.-l. de c. — 3.672 hab.), se présente curieusement située, en contre-bas à g., et l'on semble descendre sur les toits de la petite cité. Au *Calvaire*, on croise (**0.3**) la r. de Saulieu (0.6) à Château-Chinon (45.1) et à Autun (41), en laissant à g. la rue *Saint-Félix*. Le ch., devant soi, continuant à descendre, longe le cimetière de l'église Saint-Saturnin pour venir aboutir à l'entrée de la rue *Saint-Saturnin* (**0.2**).

Suivre la rue Saint-Saturnin, à g. (Pavé : 7'), et, dépassé la place des *Terreaux*, descendre à dr. la rue de la *Foire* menant devant l'hôtel de la *Poste* (**0.1**).

Visite de la ville de Saulieu (environ 45'). — A la sortie de l'hôtel de la *Poste*, longer à dr. l'abreuvoir, qui baigne le pied d'une tour massive, reste des vieux remparts, puis tourner à g. dans la rue *Sallier*. Celle-ci mène à la place de la *Fontaine* où s'élève à g. l'église Saint-Andoche.

Continuant la rue Sallier, on arrive devant l'Hôtel de Ville. La rue *Vauban*, à dr., conduit à la place de l'*Étape*, à la sortie de la ville, là où deux piliers rappellent l'emplacement d'une ancienne porte. La rue du *Marché*, à g., la plus commerçante, ramène à la place des *Terreaux*. Sur cette place, en suivant à dr. la rue *Saint-Saturnin*, on arrive à la vieille église de ce nom, contiguë à une promenade d'où l'on a une jolie vue sur la région environnante.

De l'église Saint-Saturnin, revenir à l'hôtel de la *Poste*.

Pour mémoire. — De **Saulieu** à **Avallon**, *V.*, en sens inverse, page 29.

De **Saulieu** à **Semur**, *V.*, en sens inverse, page 76.

De **Saulieu** à **Bligny-sur-Ouche**, *V.*, en sens inverse, page 95.

De **Saulieu** à **Autun**, *V.* page 101.

DE SAULIEU A PLANCHEZ

Par Eschamps, Le Petit-Vernet, Gouloux, Montsauche et le lac des Settons.

Distance : **15** kil. *Côtes :* **3** h. **28** min. *Pavé :* **7** min.

Nota. — Route très accidentée. Si l'on déjeune à Montsauche, ou plutôt à l'un des hôtels-auberges sur le bord du lac des Settons, il vaudra mieux se contenter de faire étape à Planchez. Le parcours entre Planchez et Château-Chinon, présentant encore de longues côtes.

De Saulieu au hameau du Petit-Vernet (**0.7** — Pavé : 7' — Côtes : 11', 10' et 15'). *V.*, en sens inverse, page 36.

Au hameau du Petit-Vernet, abandonnant la r. de Lormes, par laquelle on est venu de Quarré-les-Tombes, suivre à g. la r. de Montsauche.

Celle-ci continue à s'élever sous bois (30') jusqu'à la *borne* (**1.8**) qui sépare le dép[t] de la Côte-d'Or du dép[t] de la Nièvre, puis descend. Elle ondule ensuite (Côte : 3') à travers un délicieux pays vallonné, couvert de bois, laissant à dr. (**1.9**) un premier ch. vers Saint-Brisson (2) et Avallon (35).

Une nouvelle côte (12') conduit à la jonction (**2.6**) d'un second ch. venant de Saint-Brisson (2.4 — *V.* page 36).

Magnifique descente de trois kil. vers les prairies et les bois qui entourent le confluent du ruisseau de *Caillot* et de la *Cure*, dans un large et très beau paysage ; on laisse à g. (**1.7**) le village de Gouloux, sur une éminence à deux cents m. de la r. Un peu plus bas, à hauteur de la *borne 69.8* (**1**), faire attention au ch. de chars qui se détache à g. et mène au moulin du *saut du Gouloux* (0.3).

Le moulin du saut du Gouloux (à pied : 10', aller et retour) masque la jolie cascade du **saut du Gouloux**, seulement visible derrière le moulin ; malheureusement la chute d'eau a été très amoindrie par suite de travaux destinés à améliorer le flottage des bois sur la Cure.

Cent m. plus loin, ayant franchi le *pont Dupin* (**0.1**) au-dessus de la Cure, on remonte, en rampe assez raide (20'), une partie sauvage et boisée du vallon.

La r. décrit plusieurs courbes, tandis que la vallée se dégage, et, toujours en montant (Côtes : 3', 5' et 20'), dominant de larges prairies, on atteint le modeste village de **Montsauche** (**6.2** — Ch.-l. d. c. — 1.463 hab. — Hôt.-aub. de la *Poste* — A voir : le musée cantonal à la mairie).

Pour mémoire. — De **Montsauche à Lormes**, par le pont du Boulard (**6**), Cœurlaing (**1**), Chassaygne (**2**), L'Huis-Diolo (**3**), L'Huis-Morin (**7**), Sommée (**0.5**) et Lormes (**4.5** — *V.* page 65).

Cette r., au début légèrement ondulée, descend ensuite, pendant trois kil., jusqu'au pont du Boulard, où l'on franchit la rivière du *Chalaux*. Montée de Cœurlaing, puis nouvelles ondulations jusqu'à L'Huis-Diolo, où on laisse la r. de Vauclaix pour prendre à dr. le ch. de Lormes, presque plat sur tout le restant du parcours; à g., ravissante vue de la vallée de l'*Anguison*.

A l'angle de l'hôtel de la *Poste*, abandonnant la r. directe de Lormes (V. ci-dessus), suivre à g. celle de Château-Chinon.

On descend pour croiser la petite *ligne de Corbigny à Saulieu*, et arriver à l'embranchement (**0.3**) du ch. des Settons et de Moux (14). Ici, quitter la direction de Château-Chinon et prendre à g. le ch. des Settons. Celui-ci descend pour traverser la vallée, fâcheusement coupée par le remblai de la ligne. On franchit la Cure, puis l'on remonte le versant opposé (Côtes : 12', 2' et 3') en découvrant une jolie vue sur Montsauche, en arrière, et le hameau de Champ-Gazon, à g.

Après avoir contourné un monticule, on aperçoit bientôt, à dr., le mur de la digue, qui retient l'immense nappe d'eau du *lac des Settons*, dans un des beaux paysages du Morvan.

On passe devant l'hôtel des *Settons* (**4**), à dr., et au pied de la maison de l'administration des eaux. Continuant le ch. qui longe le commencement du lac, on arrive à hauteur de l'hôtel-auberge de la *Villa des Pins* (**0.8**) situé à g. dans un bouquet de pins, de l'autre côté du talus de la ligne.

Le **lac des Settons** est un réservoir artificiel des eaux de la Cure destiné à faciliter en aval le flottage des bois, la navigation de l'Yonne et assurer le service des canaux du Nivernais et de la Bourgogne. Ce lac, au milieu d'un paysage alpestre, à 580 m. d'alt., mesure 27 kil. de contour; sa profondeur moyenne est de 18 m. et sa capacité de 22.000.000 m. cubes d'eau.

Pour avoir un aperçu général du lac, on devra parcourir la r. de Moux pendant environ trois kil. au delà de la Villa des Pins.

Du lac des Settons, revenir sur ses pas pour regagner (**1.8** — Côte : 9') la r. de Montsauche à Château-Chinon.

Celle-ci s'élève (Côtes : 2', 5' et 4') au-dessus des prairies solitaires de la vallée supérieure de la Cure et traverse des bois. Descente douce vers la région découverte, plus sauvage, du bassin de prairies qu'arrose le ruisseau des *Batailles*, affluent de la Cure. On remonte un vallon boisé, en rampe souvent faisable (Côtes : 5', 2', 10', 10' et 4'); puis, obliquant à dr., des circuits rapides mènent dans le vallon plus riant du *Martelay*.

A dr., se détache le ch. (**8.1**) d'Ouroux (9), et, à g. (**0.5**), celui de Grosse (3.2); côte dure (11').

Plus haut, négligeant encore à g. (**0.7**) la direction d'Autun (34), on gagne, en descendant, **Planchez** (**0.8** — hôt.-aub. de la *Poste*), village sur un des plateaux les plus rudes du Morvan, de toutes parts environné de forêts.

DE PLANCHEZ A CHATEAU-CHINON

Par Frétoy et Lorient.

Distance : **16** kil. *Côtes* : **1** h. **11** min.

Nota. — Cet itinéraire, l'un des plus pittoresques du Morvan, présente deux côtes très dures : la première est longue de douze cents m. ; la seconde mesure quatre kil. six cents m. On trouve encore trois montées, mais peu importantes ; les descentes sont fort belles.

La r. s'abaisse rapidement par de grandes courbes vers les magnifiques fonds boisés où se réunissent les ruisseaux du *Martelay* et de la *Montagne*. Après avoir franchi ce dernier, une forte côte de douze cents m. (18') précède le hameau de Frétoy (**3.6**), situé entre des hêtraies et des prairies.

On descend ensuite au milieu d'un paysage sauvage et montagneux, de grand caractère, pour arriver au pont du *Griveau*, dans un ravin encaissé. A g., se détache (**1.9**) le ch. de Lavault-de-Frétoy (1.6) ; deux côtes (8' et 5').

La r. décrit de larges contours puis sort du bois avant le hameau de Lorient (**1.7**). Longue descente, coupée par une seule montée (2'), en découvrant un majestueux cirque de montagnes. A dr., le village de Corancy est admirablement étagé sur une terrasse de la rive dr. de l'*Yonne*, près du confluent de cette rivière et du ruisseau de *Lorient*.

Dans ces parages, qui rappellent les paysages pyrénéens ou dauphinois, on rejoint (**3.6**) le ch. venant d'Ouroux (16), à dr., tandis que le ch. de Chagnon (3) s'éloigne à g.

Au bas de l'agréable descente, ayant traversé l'*Yonne* (**0.1**), il faut attaquer une côte de quatre kil. six cents m. (1 h. 8') sur le versant ouest de la montagne de Château-Chinon. Au hameau de l'Huis-Gaudry, à la jonction (**2.1**) de la r. de Lormes (32), à dr., la rampe devient très dure. A mesure qu'on s'élève la vue s'étend à l'infini, à dr., sur le vaste horizon que présente le bassin du *Veynon*.

Devant une maison isolée (**0.7**), négliger le ch. de la gare (1.3), à dr., et continuer à g. par la r. du milieu. Plus haut, parvenu à hauteur de la *borne 35*, on pourra s'arrêter au banc en pierre d'une habitation, à g., pour admirer le panorama.

On passe au-dessus de la gare et l'on atteint un palier où bifurque (**1.1**), à dr., la r. de Nevers (66) et de Moulins-Engilbert (16). Continuant à g., bientôt l'on atteint le faubourg qui précède **Château-Chinon**, la capitale du Morvan nivernais (Ch.-l. d'arr.—2.554 hab. — Centre d'excursions).

Au sommet de la côte, laissant à g. la *porte Notre-Dame*, qui donne accès dans la ville, se diriger à dr. sur la r. d'Autun et s'arrêter, quelques m. plus loin, à g., à l'hôtel recommandé de la *Poste et du Commerce* (**0.6**).

Visite de la ville de Château-Chinon (environ 1 h.). — Passer sous la *porte Notre-Dame*, dernier vestige des anciennes fortifications de la ville, et gravir la *Grande-Rue*. Devant la Sous-Préfecture, suivre la rue *Notre-Dame*, à dr.; celle-ci aboutit à la place *Gudin*, sur une sorte de r. Ici, monter la r. à g., en laissant à dr. le bâtiment banal de la Mairie. Un peu plus haut, une étroite ruelle, à g., précédée de sept marches, conduit au che.et de l'église Saint-Romain.

A la sortie de l'église par le grand portail, tourner à dr. et gagner la place *Saint-Christophe*, décorée d'une fontaine. Traversant cette place, on suivra la rue Saint-Christophe, puis la ruelle du *Calvaire*.

Cette ruelle mène au signal ou calvaire (Alt. : 600 m.), reconnaissable à ses trois croix en pierre, élevé sur l'emplacement de l'ancien château féodal, dont il ne subsiste plus que quelques voûtes a demi-comblées. Vue panoramique de toute beauté.

Du calvaire, redescendre à l'église Saint-Romain ; on passe devant le portail pour prendre la première ruelle à dr., puis la rue descendante à g. On laissé à dr. le Palais de Justice, et, par la rue *Gambetta*, on regagnera la *porte Notre-Dame* et l'hôtel.

Excursions recommandées au départ de Château-Chinon. — La chapelle du Chêne et le **point de vue de la Corveau** (à pied : 1 h. 1/2, aller et retour).

Itinéraire: Vis-à-vis l'hôtel de la *Poste et du Commerce*, s'ouvre une ruelle, autrefois début de l'ancienne r. de Moulins-Engilbert. En suivant cette r., on arrive à la *chapelle du Chêne* (25'), située à g., et abritée par un énorme tilleul, planté sur les ordres de Sully. Descendant encore la r., pendant quatre cents m., on trouve à dr. un ch. de chars qui pénètre sous bois. Parcourir sur ce ch. cent cinquante m.; puis prendre la première allée gazonnée à g. Elle aboutit à la *roche de la Corveau*, d'où l'on découvre un panorama étendu (20').

Les **ruines du château de Champdiou** (**26** kil. **100** m., aller et retour. — Côtes: 2 h. 33').

Itinéraire: Au départ de l'hôtel de la *Poste et du Commerce*, tourner à dr. et descendre la r. de Montsauche pendant six cents m. (**0.6**); puis, quittant cette direction, continuer à descendre, encore à g., les grands lacets de la r. de Nevers offrant une vue admirable sur le large bassin du *Veynon* et l'*étang de Gravillot*. A l'auberge de la *Détorbe*, on dépasse (**3.1**) le ch. de Saint-Saulge, à dr.; ensuite, après une montée (5'), celui (**1.3**) de Moulins-Engilbert à g.

Au bas de la pente, la r. ondule (Côtes: 2', 2', 2', 7' et 5'); belle vue à g. sur la montagne et le *château de Chaligny*; ce dernier apparait tout blanc dans la plaine.

Après le village de Dommartin (**3.6**), la r., très sinueuse, monte (7') dans les bois.

On dépasse à g. (**1.5**) une petite tour pentagone, qui servait jadis de rendez-vous de chasse; plus loin, jolies échappées de vue sur la vallée du ruisseau des *Garats*, à g.; descente.

Parvenu à hauteur de la *borne 54.9* (**1.3**), on abandonnera la r. de Nevers pour prendre à g. le ch. de Moulins-Engilbert. Celui-ci longe le parc du *château de Saulière* et passe au hameau de Champy (Côte: 2'); on continue ensuite entre des haies qui interceptent la vue. Arrivé près de la *borne 6.5* (**1**), quitter le ch. et descendre à dr. une allée sous bois (à pied: 12'). Cette allée, inclinant, plus bas, à g., mène à l'entrée de la ferme encastrée dans les ruines encore imposantes du *château de Champdiou* (**0.8**).

Du château de Champdiou à Château-Chinon (**13.2** — à pied: 12' — Côtes: 1', 15', 3', 7', 2', 2', 12' et 55'), même itinéraire, en sens inverse.

Nota. — Si au retour, on peut disposer de plus de temps, après le hameau de Champy, revenu à la r. de Nevers (*V.* ci-dessus), on prendra à g. la r. de Nevers; puis, presqu'aussitôt, à dr., le ch. de Dun-sur-Grandry. On passe au-dessous du village de Sainte-Péreuse (**2** de la r. de Nevers) et l'on arrive au carrefour de la Croix Mystéret (**1.3**). Ici, se diriger à g. vers la colline de Dun-sur-Grandry (**1**) reconnaissable à sa pyramide de 11 m. de haut, surmontée d'une statue de N.-D. de Lourdes.

De Dun-sur-Grandry on descend franchir le *Veynon* près de Grandry (**1.5**), village situé sur la r. de Saint-Saulge. A Grandry, tourner à dr. pour passer à Saint-Hilaire (**7**) et regagner ensuite la r. de Château-Chinon, à l'auberge de la *Détorbe* (**1.5**), au pied de la grande côte qui précède la ville de Château-Chinon (**3.7**).

Pour mémoire. — De **Château-Chinon** à **Montreuillon** et à **Lormes**, *V.* page 62.

De **Château-Chinon** à la **source de l'Yonne** et au **mont Beuvray**, *V.*, en sens inverse, page **56**.

De **Château-Chinon** à **Saint-Honoré-les-Bains**, *V.* en sens inverse, page 58.

DE CHATEAU-CHINON A AUTUN

Par Pont-Charrot, Arleuf, le col de la Croix-Pasquelin et La Celle-en-Morvan.

Distance : **32** kil. **100** m. *Côtes :* **1** h. **52** min.
Pavé : **3** min.

Nota. — La route nationale présente une descente de trois kil., entre Château-Chinon et Pont-Charrot, suivie d'une longue côte de sept kil. jusqu'au col de la Croix-Pasquelin. On descend ensuite la pittoresque vallée de la Canche, et, à part quelques courtes montées, la descente se prolonge jusqu'à Autun.

De Château-Chinon à Arleuf, il existe un autre chemin, dit de la *Vallée*, plus pittoresque mais moins recommandable, à cause de la déclivité plus grande des rampes et le moins bon état d'entretien du sol. Il commence à Château-Chinon, sur le b[d] de la *République*, derrière l'hôtel de la *Poste*, et passe par les hameaux des Mouilleferts (**2.9**), des Manges (**2.9**) et du Chatz (**0.8**) pour rejoindre la route nationale à l'entrée du bourg d'Arleuf (**1.8**).

A la sortie de l'hôtel de la *Poste et du Commerce*, suivre à g. la r. d'Autun ; on laisse à dr. l'Hôpital et, un peu plus loin, du même côté (**0.1**), le ch. de Luzy (38).

Descente par de grandes courbes au hameau du Pont-Charrot (**3.2**), où l'on franchit l'*Yonne*, en dépassant à dr. le ch. de Glux-en-Glenne (14.5).

Longue côte de cinq kil. trois cents m. (1 h.18') pour s'élever au-dessus du large bassin d'un vallon tributaire de l'Yonne, où court le ch., dit de la *Vallée*, qui conduit également de Château-Chinon à Arleuf (*V.* page 44).

Après le hameau des Rollots (**3.8**), la r. dessine une courbe, à g., et atteint le village d'Arleuf (**1.5** — Aub. *Germain*), où vient rejoindre le ch. de Fâchin (8).

Hors du bourg, on monte encore (7') pour gagner la bifurcation (**1.3**) du ch. d'Anost qui se détache à g.

Le bourg d'Anost, dans un site très pittoresque, est un but d'excursion pour les touristes qui visitent cette partie du Morvan. Le ch. d'Anost, au début entre des haies, ondule (Côtes : 2' et 5') laissant apercevoir le calvaire de Château-Chinon dans le lointain, à g. Il pénètre ensuite dans les bois qui dépendent de la grande *forêt d'Anost*.

Descente de deux kil. vers le beau ravin que creuse l'une des branches du ruisseau de *Velée*, à la limite des dép^ts de la Nièvre et de Saône-et-Loire (**4.5**). Après une montée (8'), on redescend, à la sortie du bois, dans le riant vallon de Bussy (**2** — Côte : 4'), puis vers celui plus large d'Anost, parsemé de hameaux et environné de hauts sommets couverts de bois ; une montée (2').

Aux premières maisons d'Anost, parvenu au croisement (**2.3**) de la r. d'Ouroux (19) à Autun, monter à g. (6') vers le centre du bourg. On néglige à dr. la r. de Lucenay (16) et bientôt l'on arrive à l'hôtel-auberge *Duvernoy* (**0.4**), situé à g.

Anost, étagé au-dessus d'un bassin de prairies, au confluent de plusieurs ruisseaux, entouré d'une ceinture de montagnes boisées, est un centre d'excursions intéressantes dans les nombreux vallons voisins ainsi que dans la forêt d'Anost.

D'Anost, on peut gagner directement Autun par Les Chevannes (**4.5**), La Ferrière (**0.5**), La Petite-Verrière (**2**), Voltennes (**1.5**) et le hameau de Bellevue (**2.8**), en descendant les pittoresques vallées du ruisseau d'Anost et de la rivière de la Selle. Dans ce cas, on rejoint la r. nationale de Château-Chinon à Autun, au hameau de Bellevue (*V.* page 47), situé à sept kil. en aval du saut de la Canche, ce qui obligerait le touriste à un détour de quatorze kil. pour voir cette chute d'eau.

Si, pour éviter ce détour, on préfère revenir sur ses pas d'Anost à la bifurcation (**9.2**) de la r. nationale, près d'Arleuf, on sera obligé de gravir les quatre côtes descendues en venant (30', 10', 30' et 5').

Dépassé la bifurcation du ch. d'Anost, la côte (7') se prolonge jusqu'au **col de la Croix-Pasquelin** (**0.5** — Alt. : 682 m.), ouvert dans la chaine du *Grand-Montarnu* ; on passe du bassin de la Seine dans celui de la Loire ; vue dégagée sur une longue série de monts.

Après le hameau des Pasquelins (**0.6**), rampe douce d'un kil.; magnifique panorama à g. sur les profondes vallées des sous-affluents de la Loire par l'*Arroux*. Courbe rapide en entrant sous bois, puis traversée d'une fraiche prairie intermédiaire, située à la limite des dép^{ts} de la Nièvre et de Saône-et-Loire (**2.2**); un raidillon (1').

La r., à peu près horizontale durant deux kil., profite de l'ombrage d'une délicieuse hêtraie, mélangée de pins odoriférants ; à g., quelques jolies échappées de vue. A la sortie du bois, on parcourt pendant quatre cents m. l'arête du col qui sépare le bassin du ruisseau de *Vélée*, à g., de celui de la *Canche*, à dr. ; et, négligeant à g. (**2.3**) le ch. d'Anost (7.5), par Bussy, on descend rapidement au hameau du Pommoy (**1.2**). Plus bas, on laisse successivement : à g. (**1**), le ch. de Roussillon (1.5) et, à dr., près d'un moulin, celui (**0.1**) de Saint-Léger-sous-Beuvray (14.5), par Saint-Prix (10) et les gorges de la *vallée de la Canche*.

Le ch. de Saint-Léger-sous-Beuvray, qui remonte le vallon de la Canche, offre une excursion intéressante, très recommandée.

Il traverse l'étroite prairie d'un ruisseau affluent de la Canche, puis s'élève sous bois (8') pour s'engager dans la superbe gorge où la rivière forme de nombreuses cascades. Hors du bois, le ch., tracé en corniche au-dessus de roches escarpées, gagne un site sauvage et domine bientôt à g. la belle chute d'eau du **saut de la Canche** (**1.4**).

Le touriste pressé reviendra ensuite sur ses pas, pour reprendre (**1.4**) la r. d'Autun ; superbe vue au débouché du vallon.

En continuant à remonter le vallon de la Canche, dans la *forêt de Saint-Prix*, on arriverait à la *maison forestière de la Croisette* (**3.4**) où le ch. bifurque ; la branche de g. conduit dans la direction de Saint-Prix et de Saint-Léger-sous-Beuvray (**0.7** — *V.* page 55).

La branche de dr. mène à une seconde maison forestière (**1.8**), près de laquelle on franchit le ruisseau pour gagner une nouvelle bifurcation (**1**) où le sol cesse d'être bien entretenu. Ici, le ch., à dr., mène à la *fontaine des Trois-Bornes* (0.8), tandis que celui de g., qui conduit au hameau des Courreaux (2.5), passe, à 1 kil. de la bifurcation, au-dessous du **pic du Bois-du-Roi** (Alt. : 902 m.), le sommet culminant du Morvan.

L'ascension du pic du Bois-du-Roi est cependant négligée ; la vue du haut de cette montagne se trouvant masquée de tous côtés par les bois.

La r. d'Autun rencontre le hameau de La Verrerie (**0.9**), tandis qu'à dr. la gorge de la *Canche* (*V*. ci-dessus) s'ouvre un étroit passage au milieu d'épaisses forêts. La descente continue rapide, dans un paysage très pittoresque. Après un premier pont sur la Canche, la pente s'adoucit; on laisse à g. le moulin des Viollots (**2.2**) et son calvaire, ce dernier sur de grands escarpements rocheux du plus bel effet. La rivière serpente capricieusement au milieu d'une étroite bande de prairies. Ayant franchi une seconde fois la Canche, bientôt on laisse à g. le petit village de la Celle-en-Morvan (**2.9**) et, un kil. plus loin, on atteint, au hameau de Bellevue (**1** — Hôt. *Guénot*), la bifurcation, à g., du ch. d'Anost (11) par La Petite-Verrière et la vallée de la *Selle* (*V*. page 45).

La r., aplanie, longe la petite *ligne d'Autun* et franchit une dernière fois la Canche, près de son confluent avec la Selle, autre rivière traversée au hameau de Polroy (**1.1**) ; une montée (5').

Laissant en arrière les monts du Morvan, on se dirige en ligne droite vers la large vallée-plaine du bassin de l'*Arroux* que la *montagne de Montjeu* limite à l'horizon. Courte montée (6') à travers un taillis; à dr., une usine à schiste.

Au hameau de **La Croix-Jean-Naudin** (**3.3**), en vue de la station de Tavernay-la-Commaille, on rejoint la r. de Saulieu par Lucenay-l'Evêque (*V*. page 101); agréable descente très douce. Encore au loin, dans l'axe de la r., la ville d'Autun, riche en antiquités romaines, apparaît bâtie en amphithéâtre au pied de la montagne de Montjeu. Se rapprochant de la ville, on aperçoit à g., émergeant des champs, le monument antique désigné sous le nom de *temple de Janus*.

Pour s'y rendre, on prendra, aux environs de la *borne 21.5* (**5.2**), un ch., à g., entre deux haies. Il conduit directement à la ruine du temple de Janus, dit aussi *tour de la Genetaye*, qui s'élève au milieu d'un pré (**0.5**) voisin de quelques maisons. Du temple de Janus, sans revenir sur ses pas, on continuera le ch. à dr. qui mène au *pont Saint-Andoche* (**0.5**), sur l'Arroux, à cinquante m. du point de jonction des r. de Château-Chinon et de Luzy (33).

De l'autre côté de la rivière, on entre dans **Autun** (Ch.-l. d'arr.— 15.513 hab.) par le fg *Saint-Andoche*, en négligeant à g. la rue *Carion* (Côte : 3'). Après la voûte du ch. de fer, suivre à g. le bd de la *République*, et, parvenu devant la station, monter à dr. l'avenue de la *Gare* (Côte : 5'). Plus haut, traverser la place du *Champ-de-Mars* (Pavé : 3'), devant soi, pour arriver à la rue de l'*Arbalète*, où se trouve situé l'hôtel recommandé *Saint-Louis et de la Poste*, à dr., au n° 6 (**1.1** — Café *Français*, 24, place du Champ-de-Mars — Ateliers de réparations pour les machines ; garage d'automobiles chez MM. *Bernay, frères et Cie*, 31 et 44, avenue de la *Gare*).

Visite de la ville d'Autun (environ 4 h. 1/2). — A la sortie de l'hôtel *Saint-Louis et de la Poste*, tourner à g. dans la rue de l'*Arbalète*, puis traverser la place du *Champ-de-Mars* en biais, à dr., pour se diriger vers les deux monuments contigus du Théâtre et de l'Hôtel de Ville (Musée de peinture, de sculpture, d'histoire naturelle et d'antiquités gallo-romaines ; ouvert tous les jours ; gratification, 50 c.).

Après la visite du musée, revenant sur ses pas, à l'angle de la rue de l'Arbalète, on suivra à dr. la rue *Aux Cordiers*, prolongée par les rues escarpées de la *Grande* et de la *Petite rue Chauchien*. Dans la rue des *Bancs*, qui fait suite à la Petite rue Chauchien, visiter, à g., au n°3, l'Hôtel Rollin (Musée lapidaire d'antiquités romaines et gallo-romaines ; ouvert tous les jours ; rétribution, 50 c. par personne isolée, ou 25 c. par personne, si l'on est plusieurs visiteurs).

La rue des Bancs aboutit sur la place du *Terreau*, où s'élève la cathédrale Saint-Lazare, à côté d'une ravissante petite fontaine Renaissance. A la sortie de la cathédrale, traverser, à dr., la place *Saint-Louis*, plantée d'arbres, et, longeant le Palais de Justice, on descendra à la place d'*Hallencourt*. Sur cette place, continuer à g. ; puis, inclinant à dr., suivre les rues *Piollin, Saint-Antoine* et des *Marbres* qui conduisent à la magnifique promenade des Marbres, devant laquelle a été érigée la statue en bronze du chef gaulois Divitiac.

On parcourt, à dr., la promenade des Marbres dans toute sa longueur et, à son extrémité, descendant sur la r., on s'engagera dans le premier petit ch. à dr. qui mène au Stand et presque aussitôt au Théâtre Romain. Ce dernier est reconnaissable à une profonde dépression de terrain, en forme d'hémicycle, recouverte de gazon, là où se trouvaient les gradins destinés aux spectateurs.

En longeant la rangée d'arbres, à dr., jusqu'à l'extrémité du plan supérieur et demi-circulaire du théâtre, on découvre une très belle vue sur l'entrée du vallon boisé du ruisseau d'Auxy; tandis que plus à dr., sur une éminence, apparaît la pyramide romaine, dite la *pierre de Couhard* (*V.* ci-dessous).

Revenir sur ses pas à l'entrée de la promenade des Marbres et descendre à dr. le *bd Laureau*. Celui-ci, dans le bas, longe, à g., un reste de l'ancienne enceinte dont subsistent encore les ruines de trois tours, puis croise la rue *Mazagran*. A l'extrémité du bd, on atteint une petite place triangulaire; à sa g., à l'entrée de la rue *Saint-Nicolas*, se trouve le Musée lapidaire de la chapelle Saint-Nicolas (ouvert tous les jours; gratification, 50 c.).

A dr. de la petite place, la rue de la *Croix-Blanche* mène à la *porte Saint-André*, remarquable construction romaine, et, dépassé la porte, par le fg *Saint-Pantaléon*, à l'église Saint-Symphorien, élevée au sommet d'un tertre qu'occupait jadis une antique abbaye.

Regagner la petite place, à l'extrémité du bd Laureau, pour prendre, encore à dr., la rue *Saint-Jean* qui conduit à l'église de ce nom. Devant l'église, suivre à g. la rue *Naudin* aboutissant à la rue de *Paris*. Dans la rue de Paris, tourner à dr., traverser le pont du ch. de fer, et, par le fg d'*Arroux*, on atteindra la *porte d'Arroux* également d'origine romaine.

Revenant encore sur ses pas, on suivra dans toute sa longueur la rue de Paris, puis son prolongement, la *Grande rue Marchaux*, tracée en partie sur l'emplacement d'un ancien forum de la ville gallo-romaine (à dr., dans la *Petite rue Marchaux*, au n° 30, s'élève la vieille tour de l'Horloge Marchaux). Continuant par la rue *Guérin*, on regagne la place du Champ-de-Mars; à l'extrémité de cette place, s'élèvent les bâtiments du Collège (Musée d'histoire naturelle).

Excursions recommandées au départ d'Autun. — La **pierre de Couhard** et la **cascade de Brisecou** (à pied : 1 h. 40', aller et retour).

Itinéraire : Quittant l'hôtel *Saint-Louis et de la Poste*, monter à dr. la rue de l'*Arbalète*; à son extrémité, tourner à dr. dans la rue *Saint-Antoine*, puis descendre la première rue à g., la rue *Saint-Pancrace*, prolongée par le pittoresque f[s] du même nom. Au bas du f[s], ayant traversé le ruisseau du *Couhard*, on gravira la côte escarpée du versant opposé; belle vue d'ensemble d'Autun et de sa ceinture de tours, dont la dernière, la plus élevée, dite la *tour des Prisonniers*, porte sur la plate-forme une statue de la Vierge.

Parvenu presqu'au sommet de la côte, en vue du village de Couhard, abandonner la r. et suivre à g. le sentier qui longe le ruisseau. On passe dans une ruelle bordée de nombreux petits lavoirs; puis, après un moulin, on arrive au-dessous de la modeste église du village. Ici, prendre le ch. a g., ensuite, presqu'aussitôt, tourner à dr. pour s'approcher de la *pierre de Couhard* (45'). Ce curieux monument romain, en partie ruiné, affecte la forme d'une pyramide: sa destination primitive, encore inconnue, est demeurée une énigme pour les savants.

Après avoir fait le tour de la pierre de Couhard, revenir sur ses pas vers l'église et suivre, encore a g., le frais sentier qui côtoie le ruisseau. On pénètre bientôt dans un délicieux vallon, très ombragé, et, après avoir franchi deux fois le ruisseau, d'abord sur une dalle, ensuite sur une passerelle en fer, on arrive, à hauteur d'une seconde passerelle, devant la jolie *cascade de Brisecou* (15'), entourée d'arbres et de roches.

Regagner Couhard par le même sentier et, revenu au-dessous de l'église, reprendre le ch. à dr. par lequel on s'est dirigé précédemment vers la pierre de Couhard; mais, au lieu de tourner à dr., dans la direction de la pierre, on descendra directement le ch. creux conduisant au bas du vallon. Arrivé devant une petite usine, tourner à g., puis monter à dr. la r. qui, après une courbe, prend le nom de rue *Gaston-Joliet* et passe entre le cimetière et d'anciennes murailles.

La rue infléchit ensuite à g. pour aboutir à la place des *Marbres*, vis-à-vis la promenade des Marbres. Sur cette place, la rue de l'*Arquebuse*, la deuxième à g., ramène à l'hôtel *Saint-Louis et de la Poste* (40').

Le château de Montjeu, Broye et Mesvres (33 kil. 800 m., aller et retour — Côtes : 2 h. 30' — Pavé : 40').

Itinéraire : A la sortie de l'hôtel *Saint-Louis et de la Poste*, tourner à g. dans la rue de l'*Arbalète* (Pavé : 20') ; puis, à l'angle de la place du *Champ-de-Mars*, monter à g. la rue *Aux Cordiers* que prolongent les rues escarpées de la *Grande* et de la *Petite rue Chauchien* et la rue des *Bancs*. Parvenu sur la place du *Terreau*, passer derrière la Cathédrale et sortir de la ville par le f[s] *Saint-Blaise*.

A l'axtrémité du f[s], au hameau de La Mine, abandonnant à dr. (2) la r. de Mesvres, par laquelle on reviendra, on monte à g. le ch. qui mène au-dessus du village de Couhard (1 — V. page 50). On s'élève ensuite (1 h.), le long de la rive g. du *ravin de Brisecou*, à travers les verdoyantes hêtraies de la *forêt de Planoise*; après la traversée du ravin, se détache à g. (1) un sentier qui descend à la *cascade de Brisecou* (V. page 50).

Plus loin, on atteint un croisement de r. (1.8) : à g., s'éloigne le ch. du village de Fragny (1); à dr., s'ouvre l'avenue qui conduit au *château de Montjeu*.

> L'avenue, à dr., longe l'*étang du Chalet* et gagne la *porte du Chalet*, à l'entrée du *parc de Montjeu* (1.5). Dans le parc, l'avenue côtoie l'*étang de la Toison*; puis, infléchissant à g., mène au *château de Montjeu* (3.5), construit sur l'un des sommets de la montagne de Montjeu.
>
> Le château, qui date du XIIIe s., appartient aujourd'hui à la famille de Talleyrand-Périgord. Pour visiter les appartements, il est nécessaire de demander une autorisation spéciale au régisseur.
>
> Du *signal du Montjeu* (*mons-Joris*; alt. : 643 m.), qui domine le château au sud, on a une vue admirable sur le parc, le château, la forêt de la Planoise et les vallées de l'Arroux et du Mesvrin.

La r. traverse une région marécageuse, parsemée de landes et de bruyères, puis atteint le haut du plateau (0.7), en dépassant un petit étang, en vue du village de Fragny, à g.

Au delà du hameau des Blanchots, à dr. (1), on descend sous bois pendant 1 kil.; puis, sortant de la forêt, on découvre une vue magnifique sur les vallées du *Ranson* et du *Mesvrin*, que dominent au sud les montagnes d'Uchon. La descente continue le long d'un profond ravin boisé. Plus bas, le paysage, découvert, s'élargit et devient très beau, au milieu d'un décor de prairies et de rochers, ombragés de magnifiques châtaigniers. Après avoir franchi le Ranson (3), apparaît à dr. l'église de Broye dont la commune s'éparpille en de nombreux hameaux.

A l'auberge du *Pont-de-Broye* (1.8), laissant à g. la r. de Montcenis (14) et du Creusot (15 — *V.* page 52), par Marmagne (6.7), on traverse de nouveau le Ranson, à dr., près de son confluent avec le *Mesvrin*. On suit la rive dr. de cette dernière vallée en longeant la *ligne d'Etang à Chagny*, celle-ci croisée à l'entrée de **Mesvres** (4.7 — Ch.-l. de c. — 1.421 hab. — Auberges — Ruines du prieuré de Saint-Martin, au bord de la rivière).

Après une courbe dans le village, on coupe une seconde fois, à dr., la voie ferrée, au passage à niveau voisin de la gare; de l'autre côté de la ligne, négligeant à g. le ch. d'Etang (4.5), suivre, pour le retour, la r. d'Autun par Runchy, devant soi.

Cette r. monte longuement (1 h. 30') vers le hameau de Runchy (**1.5**), puis s'élève encore, à la suite d'un grand lacet, entre des hêtraies et des roches. La rampe s'adoucit dans les parages de la Porolle (**2.5**), hameau situé au milieu des bois.

On parcourt une sorte de vallée dépourvue d'eau, allongée entre les hauteurs des *bois de Varenne*, à g., et le *signal du Montjeu*, à dr. A son extrémité, on atteint le *chalet du Pavillon* (**1**).

Du chalet du Pavillon (résidence d'un garde), une avenue, à dr., traverse le *parc de Montjeu*; elle passe entre les deux vastes *étangs de la Toison* et de *Paillard*, et conduit, en montant à travers bois, jusqu'au *château de Montjeu* (**3.5** — *V.* page 51).

La r. descend de la montagne de Montjeu par des lacets accentués, aux tournants brusques et rapides; vue splendide sur Autun, les vallées de l'Arroux et du Ternin et tout le massif du Morvan.

Au bas des lacets, on laisse à dr. (**1.8**) le ch. de Broye, pris au début de l'excursion, et l'on rentre dans Autun (**2** — Pavé: 20') par le f[g] *Saint-Blaise* et les rues que l'on connaît déjà.

Le **Creusot** (**60** kil. **200** m., aller et retour. — Côtes: 3 h. 47' — Pavé: 44').

Nota. — Cette excursion peut aussi se faire en chemin de fer, en une journée. Dans ce cas, pour pouvoir visiter les ateliers du Creusot, on devra prendre le train, à Autun, à 9 h. du matin, qui arrive au Creusot à 10 h. 1/2. On déjeunera au Creusot, puis l'on se présentera au bureau de la direction des usines un peu avant 2 h. pour se faire inscrire (*V.* page 53). On repart du Creusot vers 6 h. pour dîner au buffet d'Etang, d'où un train ramène à Autun à 8 h. du soir.

Itinéraire: D'Autun à la bifurcation de la route de Châlon-sur-Saône (**1.5** — Pavé: 4' — Côte: 2'), *V.* page 103.

Prendre la r. de Châlon-sur-Saône, à dr., qui monte (1 h. 30'), dominant la rive g. du ruisseau d'*Auxy*. Après avoir parcouru deux kil. et demi, on abandonne (**2.5**) la r. de Châlon-sur-Saône (47.5), à g., pour suivre la r. du Creusot, à dr.

Celle-ci, infléchissant vers le sud, gravit la forte rampe de la belle *gorge du Gravier*, creusée dans la *forêt de Planoise*. A l'extrémité de la gorge, on atteint un *rond-point* (**4.7** — Alt.: 557 m.) auquel succède un plateau, assez long, en bordure des bois.

Dépassé l'*étang de la Noue*, à g. (**6.5**), on rentre un moment en forêt; bientôt une longue et grande descente vers la vallée du *Mesvrin*, mène à Marmagne (**7** — Hôt *Desboires*), village situé dans un joli bassin de prairies, au confluent de plusieurs ruisseaux. Au bas de la pente, croisent le ch. des Vernizeaux (6.5) à Broye (6.7), ensuite la rivière et la *ligne d'Etang à Chagny*.

Continuant par la r. de Montcenis, on remonte (30') le vallon d'un affluent du Mesvrin. Un kil. avant d'arriver à Montcenis, suivre à g. (5.5) le ch. du **Creusot** (3 — Pavé : 10' — Ch.-l. de c. — 32.031 hab. — *Grand-Hôtel Moderne* ; Hôt. *Rodrigues*).

L'usine du Creusot, un des plus importants établissements métallurgiques du monde, occupe environ 20.000 personnes. Pour obtenir la permission de voir les ateliers, il faut se présenter, pour se faire inscrire et signer sur un registre, 10 min. avant l'heure des visites (9 h. du matin et 2 h. de l'après-midi), au bureau de la *porte de la Direction*, 1, rue des *Ecoles*, près du pont du chemin de fer. La durée de la visite des ateliers est de 2 heures (Fours à coke, hauts-fourneaux, coulée, grande-forge, aciéries, atelier des bandages, marteau-pilon de 100 tonnes, extraction du charbon, puits de mine, ateliers de construction — Pourboire facultatif au guide).

Le retour du Creusot à Autun s'effectue par le même itinéraire ; ou bien, pour varier, revenu à Marmagne (8.5 — Pavé : 10' — *V.* page 52), on prendra à g. le ch. de Broye qui descend la vallée du Mesvrin.

A *l'auberge du Pont-de-Broye* (6.7), abandonner la direction de Mesvres et regagner Autun (11.3 — Côtes : 1 h. 45' — Pavé : 20'), par le ch. des Blanchots et de Couhard, comme il est indiqué en sens inverse, page 51.

Pour mémoire. — D'**Autun** à **Nolay** et à **Beaune**, *V.* page 103.

D'**Autun** à **Saulieu**, *V.*, en sens inverse, page 101.

D'AUTUN A SAINT-HONORÉ-LES-BAINS

Par Monthelon, Le Reuil, La Grande-Verrière, Saint-Léger-sous-Beuvray, L'Echenault, Le Puits, Les Bourgbas et Sanglier.

Distance : **52** kil. **200** m. *Côtes* : **3** h. **13** min.
Pavé : **3** min.

Nota. — Cet itinéraire, très intéressant, qui traverse de l'est au sud une des parties montagneuses du Morvan, est fort accidenté ; nombreuses côtes. Sur le parcours, on trouve seulement un bon hôtel-auberge à Saint-Léger-sous-Beuvray et une très modeste auberge au hameau du Puits.

Au départ de l'hôtel *Saint-Louis et de la Poste*, descendre, à g., la rue de l'*Arbalète* (Pavé : 3'), traverser la place du *Champ-de-Mars* et continuer, vis-à-vis, par l'avenue de la *Gare*. Au bas de l'avenue, suivre à g. le bd de la *République* ; puis, à l'extrémité de ce bd, passant à dr. sous la voûte du ch. de fer, on gagnera par le fg *Saint-Andoche*, le *pont Saint-Andoche* sur l'*Arroux*.

Cent m. après le pont, on laisse à dr. (**1.5**) la r. de Château-Chinon, par Arleuf, pour suivre, à g., celle de Luzy ; légère montée, puis descente à la traversée d'un petit affluent de l'Arroux.

Parvenu à hauteur de la *borne 43.9* (**2.6**), on abandonne la r. de Luzy (11) et l'on s'engage, à dr., sur le ch. de Saint-Léger-sous-Beuvray, dans la direction des monts du Morvan. Courte rampe (3'), ensuite descente vers le vallon de la *Selle*, rivière dont on franchit deux petits bras en arrivant au village de Monthelon (**2.5**).

Ici, le ch. bifurque en deux branches, conduisant l'une et l'autre à Saint-Léger-sous-Beuvray. Celle de g., plus courte de deux kil., passe par Vauthot ; mais, étant peu recommandable à cause de ses côtes très dures, on continuera par la branche de dr.

Le ch., décrivant plusieurs courbes, gravit une ligne de collines (Côtes : 3' et 7') et laisse à dr. (**2.6**) la r. de La Celle-en-Morvan (6). Après une brève descente, on pénètre dans la jolie vallée qu'arrose la rivière de la *Grande-Verrière*. On remonte la rive g. de ce cours d'eau (Côtes : 2', 2' et 2') en rencontrant plusieurs hameaux, parmi lesquels celui du Reuil (**3.3**).

En arrivant au village de La Grande-Verrière (**1.1**), négliger le ch., à dr., qui conduit à Saint-Prix (8.5), et descendre vers la g. pour passer au-dessous de l'église et ensuite franchir la rivière.

Sur l'autre rive, la r. ne cesse pour ainsi dire plus de monter (Côtes : 7', 5', 2' et 20'). Successivement, on dépasse (**1.8**) le ch. de Laizy (9.2), à g., puis celui (**0.7**) qui vient de Monthelon, par Vauthot (*V.* ci-dessus). Toute la région parcourue est riante, parsemée de prairies, de champs, de bouquets de bois et de châtaigneraies. Devant soi, la cime boisée du *mont Beuvray* semble barrer la vallée.

A l'entrée de **Saint-Léger-sous-Beuvray** (**3.8** — Ch.-l. de c. — 1.788 hab. — Hôtel du *Morvan* — A voir: l'église) viennent rejoindre : à dr., le ch. de Saint-Prix (4.5), et, à g., celui de Laizy (10.5).

Après la place, à la sortie du bourg, la montée, coupée par deux courtes descentes, reprend (2', 5' et 2') entre des châtaigniers; on laisse à g. (**1.3**) le ch. de La Roche-Millay (10 — ancienne forteresse féodale transformée en château moderne) et de Luzy (21).

La r. s'élève (Côtes : 18' et 40') en serpentant au milieu d'une jolie région très mouvementée. A g., on aperçoit l'*étang de Poisson*; à dr., le hameau de Corlon (**0.6**). La rampe s'accentue et l'on arrive, à hauteur de la *borne 24.4*, au hameau du Poirier-au-Chien (**2.1**), au-dessous du promontoire avancé du *mont Beuvray*.

L'ascension du **mont Beuvray**, l'une des plus hautes cimes du Morvan (Alt. : 810 m.) — après le *pic du Bois-du-Roi* (Alt. : 902 m.), et les *monts Prénelay* (Alt. : 850 m.) et du *Grand-Montarnu* (Alt. : 847 m.), où la vue est nulle, étant masquée par les forêts — est surtout intéressante pour les archéologues.

Le faîte du Beuvray ne présente en effet qu'un plateau plus ou moins ondulé, planté de fougères et de bouquets de bois. Il n'y a pas, à proprement parler, un point culminant d'où l'on puisse embrasser un panorama circulaire de l'horizon, mais seulement quelques endroits, sur le bord du plateau, plus ou moins dégarnis d'arbres, d'où l'on jouit il est vrai de très belles échappées de vue.

Le plateau du Beuvray fut, croit-on, l'emplacement de la fameuse **Bibracte**, capitale des Eduens, citée dans les *Commentaires de César*.

Cet oppidum gaulois (dont le plan se trouve reproduit sur des cartes postales vendues dans le pays) mesure une surface de 135 hectares, sur une longueur de plus de 5 kil. Après la conquête, les Romains établirent sur le sommet du Beuvray un vaste camp retranché. De tout cet antique passé le touriste aurait cependant peine à retrouver le moindre vestige, les intéressantes fouilles qui ont été faites au Beuvray ayant été comblées au fur et à mesure avec de la terre meuble.

C'est du hameau du Poirier-au-Chien que l'on atteint le plus rapidement le sommet du Beuvray (1 h. à la montée; 30' à la descente); mais il est nécessaire de se faire accompagner par un homme du pays si l'on ne veut pas risquer de s'égarer ou de perdre beaucoup de temps.

Sur le plateau du Beuvray, à l'endroit où l'on découvre la meilleure vue et où s'élevait autrefois le temple de la *Dea Bibracta*, a été érigée en 1841 une petite chapelle dédiée à Saint-Martin, vis-à-vis une croix en pierre.

On entre sous les hêtraies pour contourner l'extrême pointe du Beuvray et atteindre le petit col (**1.5** — alt. : 622 m.) qui sépare le Beuvray du *mont Glandure*.

Descente vers l'Echenault (**1.6**), hameau voisin de la bifurcation du ch. de Château-Chinon, par Glux, à dr.

Ce ch., qui permet de visiter la *source de l'Yonne*, dans une partie du Morvan, encore peu fréquentée, bien que ce soit la plus sauvage et aussi la plus belle du massif, n'est malheureusement pas très recommandable pour le cyclisme et l'automobilisme. Si l'on veut néanmoins faire ce passage, on montera à Glux (**2.2**) et de là, on continuera par le port des Lamberts (**2.5** — source de l'Yonne), Les Carnes (**4.5**), Le Châtelet (**2**), Champ-des-Blonds (**0.5**), Pont-Charrot (**5**) et **Château-Chinon** (**3.6** — *V.* page 42).

Au delà de l'Echenault, d'épaisses forêts tapissent les versants des grandes crêtes qui encadrent les ravins où coulent des ruisseaux formant les branches supérieures de la rivière de *La Roche-Millay;* beau paysage très sévère.

A la descente succède une longue rampe de trois kil., plus ou moins douce (45'), épousant tous les contours de la montagne. A g., se profile, au delà du débouché de la profonde vallée, la grande falaise de granit que couronnent le château et l'église de La Roche-Millay; à dr. (**3.3**), un autre ch. mène vers Glux (3.9). Plus haut, on atteint le hameau du Puits (**1.1** — Aub. *A la Grande-Halte*), où s'écarte, à g., le ch. de Luzy (20).

La r. de Moulins-Engilbert, à dr., cesse bientôt de monter et l'on découvre un vaste panorama, à g.; tandis qu'à dr. s'étend la chaîne du *mont Prénelay*. Dans cette dernière direction, au carrefour de la *croix des Cérisiers* (**0.8**), on laisse à dr. la r. directe de Château-Chinon.

Le cycliste pressé qui préférerait rejoindre l'itinéraire de Château-Chinon à Lormes et Vézelay (*V.* pages 62 et 66), sans aller jusqu'à la station thermale de Saint-Honoré-les-Bains, devra prendre cette r. Elle passe par Les Buleaux (**7**), La Loire (**2.5**), La Croix-de-Pré (**4.5**) et **Château-Chinon** (**3.3** — V. page 42).

Descente agréable vers l'agreste ravin d'un ruisseau, affluent de la *Dragne*, qu'on franchit au *moulin de Rangère* (**1.2**). Après le hameau de Dragne (**1.1**), la pente s'accentue en multiples lacets, à travers de larges vallonnements, où la culture aux tons clairs remplace la sombre teinte des bois; à dr., le village de Villapourçon apparait en contre-bas, au pied des contreforts du Prénelay.

Parvenu au hameau des Bourgbas (**2.9**), où vient rejoindre le ch. de Villapourçon (1.8), on devra abandonner la r. de Moulins-Engilbert (12.7 — V. page 59) et prendre à g. le ch. escarpé de Saint-Honoré-les-Bains.

Celui-ci, après avoir gravi un monticule (3'), descend dans les fonds pittoresques du vallon de la Dragne, parsemé de hameaux, puis s'élève très durement (10') pour atteindre le hameau de Sanglier (**3.8**), situé à cheval sur le col de prairies qui sépare le bassin de la *Dragne* de celui de l'*Alène*, à l'embranchement du ch. de Chiddes (8.5) et de La Roche-Millay (10).

Continuant à dr., on passe au pied du *mont Genièvre* (Alt. : 638 m. — ascension facile, à pied, en 15 min. depuis Sanglier; très beau point de vue); puis la r., tracée en corniche, à flanc de montagne, ondule (Côte : 4'); vue magnifique.

Au hameau du Niré (**2.6**), la r. infléchit à dr. et, sinueuse, descend rapidement vers la plaine de Saint-Honoré, offrant un nouveau panorama sur le dép[t] de la Nièvre. La pente n'est plus entrecoupée que de courtes montées (3', 1', 3' et 4'); successivement on dépasse les hameaux de La Queudre (**2**), de Tussy (**2**) et de Tirgage (**1.5**), dans des sites charmants, pour arriver, après un dernier tournant, aux premières maisons du bourg de **Saint-Honoré-les-Bains** (1.678 hab.).

Ici, une rue, à pente très rapide, mène au centre de la localité (**1**), vis-à-vis la r. de Vandenesse (6.7), au croisement de la r. de Luzy (22.5) à Moulins-Engilbert (10.4).

Pour gagner les bains, on devra traverser la r. de Luzy à Moulins-Engilbert et continuer par celle de Vandenesse. Elle descend, laissant à g. (**0.2**) le ch. de la gare de Remilly (9), et atteint bientôt le groupe principal des hôtels, cafés et villas qui bordent le parc de l'*établissement thermal*, situé à g.

Dépassant le parc et diverses habitations, on arrivera, à hauteur de la *borne 1*, vis-à-vis l'excellent hôtel recommandé de *Bellevue* dont l'élégant bâtiment s'élève à dr. de la r. (**0.8**).

Les eaux de Saint-Honoré-les-Bains, comparables dans leurs effets aux plus réputées des Pyrénées, sont souveraines dans le traitement des affections de la peau et des voies respiratoires, des rhumatismes. Cette jolie station thermale morvandelle, fréquentée principalement par les familles aimant la tranquillité, offre aussi un séjour très agréable au touriste qui trouvera, en dehors des attraits du Casino, du parc et de la musique, de nombreuses excursions à faire aux environs sur des routes parfaites.

DE S^T-HONORÉ-LES-BAINS A CHATEAU-CHINON

2 ITINÉRAIRES

Itinéraire A. — Par Moulins-Engilbert et Sermages.

Distance : **27** kil. **000** m. *Côtes :* **2** h. **22** min.

Nota. — Cet itinéraire, qu'on pourrait appeler celui de la plaine, s'écarte du massif central des monts du Morvan: Il présente une excellente route, néanmoins fortement ondulée. Les rampes et les pentes sont assez douces, mais les premières prédominent ; la côte qui précède Château-Chinon mesure trois kil. et demi. Beau paysage après Moulins-Engilbert.

Au départ de l'hôtel *Bellevue* suivre à g. le ch. qui ramène au bourg (Côte : 10') et, dans Saint-Honoré (**1**), prendre encore à g. la r. de Moulins-Engilbert.

Celle-ci, très ondulée, monte (10') au hameau de l'Hate, puis descend, laissant à dr.. à hauteur de la *borne 58.4* (**1.8**), le **chemin d'Onlay** (V. itin. B., page 60).

Après une côte (6'), gagnant un taillis qui dépend

des *bois de Morillon*, on descend traverser les grasses prairies de la vallée de la *Dragne* ; à dr., la ligne bleutée des monts s'éloigne insensiblement. La r. s'élève (12') entre des haies et dépasse un château, à dr. ; de ce côté, la plaine s'étend jusqu'au pied de la chaine de Morvan, déjà lointaine.

La rampe reprend (10') dans les *bois de Villaine* et de *Mary*, parcourus sur une longueur de plus d'un kil ; à g., bifurcation (**5.1**) du ch. de Vandenesse (7). Descente vers la gracieuse vallée du *Guignon* où l'on rejoint, au *pont Cottion* (**2.2**), la r. de Decize (34.5) à Château-Chinon.

Cette dernière, à dr., côtoie le ruisseau et, sous le nom de rue *James*, entre dans **Moulins-Engilbert** (**1.3** — Ch.-l. de c. — 3.214 hab. — Hôt. de l'*Horloge* — A voir : l'église, les vestiges de ruine de l'ancien château).

A la place *Boucaumont*, la r. bifurque ; laissant à g. la rue des *Fossés* (direction de Tamnay-en-Bazois, 5.6). traverser la place, à dr., puis suivre la rue de la *Promenade*, qui contourne la ville ; à dr. (**0.2**) se détachent : la r. d'Autun (51), par Saint-Léger-sous-Beuvray (30), et, un peu plus loin, le ch. de Saint-Léger-du-Fougeret (12.3).

On remonte le vallon du Guignon, d'abord en rampe adoucie, puis, plus durement (10') au delà du pont de cette rivière ; le paysage s'accidente de nouveau. Dépassé l'embranchement d'un autre ch. (**2.1**), vers Saint-Léger-du-Fougeret (9.1) et Arbeuf (23.4), on descend ; ensuite une légère montée conduit à Sermages (**2.9**).

Au delà du village, forte côte (10') suivie d'une agréable descente sous bois, en bordure du vallon du ruisseau des *Garats*. Au sortir des hêtraies, la vue plane sur le vaste bassin du *Veynon*. Les montées (2', 2' et 3') alternent avec les descentes ; successivement on dépasse une allée de pins (**3.2**), à dr., menant au *château de Mouasse*, puis le croisement (**0.1**) du ch. de Saint-Léger-du-Fougeret (4.2) à Dommartin (3.5) avant de rejoindre (**2.1**) la r. de Nevers (61) à Château-Chinon.

Tournant à dr., on franchit un monticule (12'), puis, après une courte descente rapide, laissant à g., vis-à-vis l'auberge de la *Detorbe*, la bifurcation (**1.3**) du ch. de Saint-Saulge (34) et d'Aunnay (18), on attaque la grande côte (55') de la montagne de Château-Chinon, tracée en lacets au milieu des rochers et des bois.

Parvenu à la jonction (**3.1**) de la r. de Saulieu et de Lormes, continuer à dr. pour atteindre **Château-Chinon** (**0.6** — *V.* page 42).

Itinéraire B. — Par Préporché, Onlay et Saint-Léger-du-Fougeret.

Distance : **26** kil. **100** m. *Côtes :* **3** h. **1** min.

Nota. — Cet itinéraire, par la montagne, recommandé pour la variété de ses sites, est très accidenté. Il présente une succession ininterrompue de côtes et de descentes dont les longueurs varient de un à deux kil. Sur tout le parcours, on ne trouve que des auberges très modestes à Onlay et à Saint-Léger-du-Fougeret.

De l'hôtel *Bellevue* au chemin d'Onlay (**2.8** — Côtes : 20'), *V.* itin. A., page 58.

Après une courte descente, le ch. monte à Préporché (**0.8** — Côte : 20'). Dans ce village — dont le nom, comme celui de Villapourçon (*V.* page 57), rappelle l'élevage et le commerce des porcs — négligeant un premier ch., à g., puis un autre, à dr., on contournera le chevet de l'église pour gravir un monticule agrémenté par places de belles échappées de vue sur le dép^t de la Nièvre, à g.

Une brève et rapide descente conduit dans la région des vallonnements morvandeaux, dominés à dr. par le massif central des montagnes; de ce côté s'éloigne (**1.7**) le ch. de Franvache (1.5).

Forte côte (25') pour atteindre le hameau de Villars (**1.3**) puis une croix rouge située au point culminant du passage (Alt. : 411 m.) ; très belle vue à dr. du *mont Genièvre* et du *mont Prénelay*. On descend ensuite rapidement vers les prairies de la vallée de la *Dragne ;* mais au delà des deux ponts sur cette rivière la montée reprend (9', 3' et 5').

On croise (**3.2**) la r. du Niré (4.3 — V. page 51) à Moulins-Engilbert (7.6), avant de s'élever vers le bourg pittoresque d'Onlay (**0.5**). Après un taillis, le ch. longe un moment un beau plan de prairies, encadré à l'est par les grandes pentes boisées de la *forêt de Gravelle;* il infléchit peu à peu vers le nord et gravit une longue rampe (25'). Celle-ci est suivie d'une descente rapide dans la vallée du *Guignon* où l'on franchit le ruisseau près d'une belle roche; le *château de Saint-Léger*, construction moderne, apparait sur la crête de la colline vis-à-vis.

Nouvelle côte, dure par places (7' et 25'); après un tournant et avoir dépassé un petit bois de pins, entre le château (**5.8**) et le village de Saint-Léger-du-Fougeret (**2.1**), on jouit de magnifiques échappées de vue sur la g.; le panorama qui se déploie devant la terrasse de l'église de Saint-Léger-du-Fougeret est également très beau.

Derrière l'église, la r., obliquant à dr., laisse à g. le ch. de Mouasse (3.7) et continue à dr. de la Mairie. Grande descente, en partie sous bois, longue de trois kil., coupée par deux raidillons (1' et 2'). Au bas, dans le voisinage de moulins, on franchit les deux branches supérieures du ruisseau des *Garats* (**3.2**).

On remonte encore (5' et 20') pour passer au hameau de Montsceaunin (**0.9**), situé au-dessous d'énormes roches, et atteindre le carrefour de la Croix-de-Pré (**1.1**), où croise la r. de Château-Chinon à La Roche-Millay (25). Ici, quitter la direction de Pont-Charrot (3.3), vis-à-vis, et tourner à g.

Continuant de monter (7'), la r. parvient à l'altitude de 551 m., puis elle descend; un moment, Château-Chinon apparait au sommet de sa montagne. Ensuite, plus loin, ondulant à mi-colline (Côtes : 3' et 4'), on découvre une vue grandiose, à dr., sur la vallée supérieure de l'*Yonne*, tandis que la chaine du *Grand-Montarnu* limite l'horizon dans la direction d'Arleuf.

Ayant rejoint (**2.9**) la r. d'Autun (37), près de l'Hôpital, à g., quatre cents m. plus loin, on arrive à l'hôtel recommandé de la *Poste et du Commerce*, à l'entrée de **Château-Chinon** (**0.4** — V. page 42).

DE CHATEAU-CHINON A LORMES

Par Chassy, Montreuillon, Mouron, Coulon et Cervon.

Distance : **12** kil. **100** m. *Côtes :* **2** h. **30** min.

Nota. — Jolie route très accidentée; nombreuses côtes. Belles descentes de Château-Chinon, de La Pige et du gué Boussard. Série de montées, plus ou moins longues, depuis Mouron. S'arranger pour déjeuner à Montreuillon.

Sortant de l'hôtel de la *Poste et du Commerce*, on descend à dr. la r. de Montsauche; vue admirable sur le large hémicycle du bassin du *Veynon* vers lequel se dirige la r. de Nevers qu'on néglige à g. (**0.6**)

Au bas de la descente, au hameau de l'Huis-Gaudry (**2.1**), la r. de Montsauche s'écarte à dr., tandis que celle de Lormes continue directement et pénètre sous bois (Côte : 2'); à g., un ch. particulier (**0.6**) conduit au *château d'Argoulais* (1.6).

Après deux montées (5' et 18'), alternant avec deux descentes, on atteint le hameau de Saint-Git (**3.1**). A dr., des clairières permettent de distinguer la profonde vallée de l'*Yonne*; à g., s'éloigne (**0.1**) le ch. de Blismes (7).

La r. de Chassy rentre sous bois et monte durement (7'); elle domine un moment les immenses étendues de forêts qui couvrent les montagnes voisines, à dr.; puis, dépassé le hameau du Murgerat (**1.7**), suivant une ligne de crête, elle s'élève (5'), plus découverte, offrant une belle vue, à g., dans la direction des vallonnements creusés par les affluents du Veynon.

Ayant atteint le point culminant du parcours (Alt. : 472 m.), on descend ensuite pendant cinq kil. consécutifs au milieu d'un ravissant paysage. Au hameau de La Pige (**2.3**), se détachent : à dr., le ch. de Chaumard (4.1), et, à g., celui de Dommartin (8.3); puis, encore à g. (**0.6**), le ch. de Montigny-en-Morvan (1.3).

La r., toujours descendante, dans un décor montagneux, serpente entre des buttes et des collines au flanc desquelles s'étagent et s'accrochent d'une façon pittoresque de nombreux villages ou hameaux. On gagne ainsi le bas de la vallée de l'*Yonne* au hameau de Chassy (**1.1**) dont le gros des maisons se cache. à g., derrière un coteau qui porte la petite *chapelle Saint-Bernard* et le *château de Chassy*, flanqué de quatre tours rondes.

L'Yonne franchie (**0.1**), on suit un instant la rive dr. de cette rivière, sous l'abri d'une arcade de peupliers, pour atteindre, au delà d'un raidillon (1'), l'embranchement (**0.8**) du ch. de Corbigny (21).

Ici, quitter la r. directe de Lormes (16), par Vauclaix (9), et s'engager à g. sur le ch. de Corbigny qui continue à longer la vallée de l'Yonne. On s'élève (3') à mi-colline pour venir côtoyer la *rigole d'Yonne* servant à alimenter le *canal du Nivernais*; courte mais rapide descente, suivie d'une légère rampe (3') et d'une nouvelle descente. A dr., l'*aqueduc de Marigny* supporte la rigole d'Yonne au débouché d'un petit vallon.

On laisse à dr. (**3.1**) le ch. de Vauclaix (6.3), par Oussy (0.6), et la *forêt de Montreuillon*. Celui de Corbigny, plat et uni, reposant des grands accidents de terrain, borde les fraiches prairies de la vallée et gagne Montreuillon dans un agréable petit bassin verdoyant (**1.3**— voir : l'église).

A l'entrée du village, s'arrêter pour déjeuner à l'excellent petit hôtel des *Voyageurs*, tenu par M. *Royer*, situé sous les roches, à dr. de la r. (renommée de truites de l'Yonne).

Le ch. contourne un promontoire rocheux et, laissant à g., le pont qui conduit au village, se dirige vers le bel *aqueduc de Montreuillon* (**0.8**) qu'encadrent les *rochers de Grenois*.

Le **pont aqueduc de Montreuillon**, dans l'un des jolis sites du Morvan, a été construit en 1811 pour le passage de la rigole d'Yonne au-dessus de la vallée. Il mesure 152 m. de long sur 33 m. de haut, et se compose de 13 arches de 8 m. d'ouverture.

La rigole, qui fournit l'eau au service de la navigation du *canal du Nivernais*, a sa prise dans l'Yonne au *pont de Pannecières*, à 2 kil. en amont du pont de Chassy (*V.* ci-dessus), et se jette dans le canal du Nivernais, au port Brulé, après un parcours de 28 kil.

De l'autre côté de l'aqueduc, la vallée se rétrécit en

une gorge boisée, longue de trois kil. Le ch. suit les méandres de la rivière et atteint, à la sortie du défilé, le croisement (**1.5**) de la r. de Châtillon-en-Bazois (17) à Lormes; tourner à dr.

Cinq cents m. plus loin, négligeant à g. (**0.5**) le ch. de Corbigny (10), on prendra celui de Lormes, à dr.

Le gros bourg de **Corbigny** (Ch.-l. de c. — 2.373 hab. — Hôt. du *Commerce*), situé sur le bord de l'*Anguison*, affluent de l'Yonne, est en dehors de la limite du Morvan et n'offre rien de remarquable à voir.

Le ch. de Lormes monte durement (22'); il passe devant la mare de Mouron (**1.1**) et contourne le *château de Coulon*; à g., la vue s'étend, dans la direction de Corbigny, sur une région boisée mais aplanie.

Descente très rapide, de douze cents m., dans la *forêt de Montreuillon*, pour traverser la rivière de l'*Anguison* au pont du *gué Boussard* (**2.1**). A cette descente succède une longue rampe de deux kil. (30') dont les six cents premiers m. sont très durs.

Peu à peu les bois se dégarnissent et laissent entrevoir sur la droite une grande étendue de pays, fortement vallonné; dans le fond apparaissent les maisons de Vauclaix, village situé sur la r. directe de Château-Chinon à Lormes. La chaîne des monts du Morvan limite l'horizon, tandis que sur la g. l'église de Lormes couronne une éminence isolée.

Après un tournant, une agréable descente, puis une côte (4') mènent à Cervon (**3.3** — A voir: l'église) où l'on rejoint la r. de Corbigny (6) à Lormes; tourner à dr.

Une montée (3'), suivie d'une descente, conduit ensuite à un carrefour (**0.9**) où l'on néglige à dr. la r. de Vauclaix (7) et le ch. de Certaines (1.5).

La r. de Lormes, à g., très ondulée, monte (5', 2', 8', 2', 3', 3') et descend alternativement, au milieu de bouquets de bois, croisant sept fois la petite *ligne de Corbigny à Saulieu* (attention au train). A dr., se détache (**1.1**) un autre ch. vers Vauclaix (4); plus loin, à une éclaircie, on décrit une courbe, au-dessus du petit bassin de Planvoi, pour gagner les *bois des Tours* et de *Narvau* où la rampe reprend très dure (12').

Ayant atteint l'embranchement (**1.1**) de la r. directe de Château-Chinon à Lormes, on s'élève de nouveau à g. dans la direction du nord (Côte : 12'). A la sortie des bois, se présente un petit plateau mamelonné, borné à dr. par une ligne ondoyante de hauteurs couvertes de forêts; de ce côté s'éloigne (**1.5**) la r. d'Autun (62) par Ouroux (17.8). On passe au bord du joli *étang du Goulot* et, bientôt l'on arrive, au début du pavage de la rue *Saint-Jacques*, à l'entrée de **Lormes** (**0.8** — Ch.-l. de c. — 2.886 hab.); s'arrêter à dr., à l'hôtel de la *Poste*.

Visite de la ville de Lormes et de la **gorge de Narvau** (environ 1 h. 1/2). — La rue *Saint-Jacques* conduit à la place de l'*Hôtel-de-Ville*, où l'on tourne à g., pour prendre ensuite à dr. la rue *Saint-Alban*. A l'extrémité du pavé de cette rue, gravir à g. la rue de l'*Hôpital* qui mène à l'église Saint-Alban, construite sur l'emplacement de l'ancien château (Alt. : 470 m.). Devant l'église, le cimetière forme une terrasse d'où un admirable panorama se déroule à plus de vingt lieues sur la plaine du Nivernais.

En sortant de l'église, par le grand portail, descendre le ch. à g. : ensuite les 6 marches, à dr., d'une rue très rapide. Au bas, vis-à-vis la promenade, suivre à dr. la rue du *Château*. On descend encore 17 degrés pour arriver sur la r. de Corbigny.

Ici, tourner à dr. ; mais, laissant aussitôt à g. la r. de Corbigny, on suivra le ch. à dr. qui passe devant des moulins et descend dans la pittoresque *gorge de Narvau*. Arrivé à un bassin de retenue d'eau, dont la chute est destinée à actionner les dynamos servant à l'éclairage électrique de la ville, on traversera le pont-barrage, à g. A l'extrémité du pont, descendre le sentier sous bois, à dr. Ce sentier, qui côtoie les cascades du ruisseau, s'arrête plus bas, à six cents m. du pont-barrage, a une maisonnette qui renferme la turbine.

De cette maisonnette, revenir sur ses pas jusqu'au pont-barrage, qu'on laisse à g., pour monter à dr. l'escalier qui permet de gagner la r. de Corbigny. Celle-ci, à g., ramène à la place de l'*Hôtel-de-Ville*, dans Lormes.

Pour mémoire. — De **Lormes** à **Quarré-les-Tombes**, *V.*, en sens inverse, page 33.

De **Lormes** à **Montsauche**, *V.*, en sens inverse, page 39.

De **Lormes** à **Chastellux**, *V.*, en sens inverse, page 31.

DE LORMES A SERMIZELLES

Par La Villaine, Bazoches, Pierre-Perthuis, Saint-Père, Vézelay, Asquins et Blannay.

Distance : **36** kil. **500** m. *Côtes :* **40** min. *Pavé :* **7** min.

Nota. — Cette route, à part une côte de dix-sept cents m. avant Vézelay, descend presque constamment; montées insignifiantes.

Quitter Lormes de bonne heure, afin de pouvoir visiter dans la matinée le château de Bazoches; on déjeunera à Pierre-Perthuis ou à Vézelay. La visite de Vézelay demande environ 2 h. On peut dîner et coucher à Vézelay; mais, si cela est possible, il vaudra mieux terminer l'étape à Sermizelles (Hôtel de la *Gare*, vis-à-vis la station), où finit le tour du Morvan.

Les cyclistes qui désireront visiter Semur, les sources de la Seine, puis se diriger vers la Bourgogne, prendront le train à Sermizelles pour Avallon (trajet en 25 min.); ensuite ils continueront leur voyage, par la route, comme il est indiqué page 71.

A la sortie de l'hôtel, suivre à dr. la rue *Saint-Jacques* (Pavé : 7'); puis, tournant à g. sur la place de l'*Hôtel-de-Ville*, on prend à dr. la rue *Saint-Alban*, dont le prolongement, le fg d'*Avallon*, conduit hors la ville.

Dans le fg d'*Avallon*, on laisse à g. le ch. de Tannay (22) et l'on monte (6') directement par la r. d'Avallon. Au faîte de la côte (**1**), abandonner la direction d'Avallon (30) et prendre à g. la r. de Clamecy.

Celle-ci ondule sur la crête d'un plateau mamelonné (Côtes : 2' et 4'), offrant à g. une jolie vue de la montagne de Lormes; on descend, à partir de la *borne 29*. Le panorama se déploie, d'abord à dr., sur la vallée du ruisseau de *Brinjame*; puis, au delà du hameau de La Villaine (**3.8**), à g., sur le bas-fond de prairies qu'occupe le village de Pouques-Lormes; au loin, les plaines du dépt de la Nièvre limitent l'horizon.

Après deux légères rampes, la descente reprend décrivant des courbes. A g., se détache (**2.1**) le ch. de Pouques-Lormes (2); une côte (7').

Négligeant à dr. (**0.3**) un premier ch. vers Bazoches

(6), par Vauban (3) et Champignolles-le-Bas (4), trop accidenté, on contourne le *Mont-Vigne* pour atteindre, un peu plus loin, un étroit plateau découvert, où croise (**1.3**) le ch. de Corbigny (13) à Vézelay.

Ici, abandonner la r. de Clamecy (26) et s'engager à dr. sur le ch. de Vézelay.

La petite ville de **Clamecy** (Ch.-l. d'arr. — 5.501 hab. — Hôt. de la *Boule-d'Or*), située au confluent de l'*Yonne* et du *Beuvron*, offre peu d'intérêt. L'église Saint-Martin est la seule curiosité de cette localité, sans animation, déjà éloignée du Morvan.

Le ch. de Vézelay descend doucement à travers les *bois de Mont-Vigne*, auxquels succède un vallon de culture. Déjà en face, lointaine, on voit se profiler la basilique de Vézelay couronnant un haut promontoire; tandis que sur la g. s'élèvent les pitons isolés du *mont Bué* et du *mont Sabau*, ce dernier surmonté d'une petite chapelle. Descente sinueuse au milieu d'une région assez dénudée.

On croise (**3.3**) le ch. d'Asnan (21) à Quarré-les-Tombes (29), puis la pente s'accentue pour arriver au village de Bazoches (**2.3**) rempli du souvenir du maréchal de Vauban.

Pour visiter le **château de Bazoches** (à pied : 1 h. 1/2, aller et retour — ouvert tous les jours, sauf entre 11 h. du matin et 1 h., aux visiteurs qui font passer leur carte), on laissera sa machine en garde à la boulangerie, au bas du village, et l'on montera la rue à dr. Ensuite prendre la première rue à g. qui passe devant l'église. Ici, quitter la rue et suivre le ch. à g. de l'église. Il traverse une petite prairie, au début du vallon du ruisseau de Bazoches, puis gagne un croisement de r. Continuer vis-à-vis par le ch., entre des haies, qui mène à l'entrée du château, aujourd'hui propriété de Mme la comtesse de Vibraye.

Le château de Bazoches fut acheté, en 1675, par le maréchal de Vauban qui voulait y réunir les plans des places fortes qu'il avait dessinées. Dans les appartements intérieurs, on voit une salle où est exposée l'armure du maréchal et la chambre à coucher du célèbre constructeur de fortifications.

En descendant du château, visiter l'église paroissiale de Bazoches, qui renferme, dans la chapelle de dr., le tombeau du maréchal de Vauban. A l'extérieur de l'église, une colonne surmontée d'un buste a été érigée à la mémoire du maréchal.

Au delà de Bazoches, le ch., banal, descend doucement entre des haies ; à dr., s'écarte (**2.3**) le ch. de Domecy (2) et d'Avallon (18.5). Le vallon du ruisseau de *Bazoches* devient plus verdoyant ; à dr., sur un coteau, les tours à poivrières du *château de Domecy* émergent d'un bouquet de bois. On laisse à dr. (**2.1**) un second ch. vers Domecy (1.3); puis, à g. (**1.1**), celui de Sœuvres (1.8). Deux petites montées (3' et 2') mènent ensuite en vue du pittoresque village de Pierre-Perthuis, situé à l'embranchement (**0.9**) du ch. d'Avallon (15.7), par Ménades (4.2), près du confluent du ruisseau de Bazoches et de la rivière de la *Cure*.

Pour visiter le **site de Pierre-Perthuis**, on laissera sa machine en garde au débit de tabac, à g. de la r. (on peut déjeuner modestement dans cette auberge), et l'on suivra à pied le ch. de Ménades, à dr. Il traverse le village, au milieu des ruines d'un ancien château fort, et passe sur un pont, formé d'une seule arche de 20 m. d'ouverture, jeté à 33 m. au-dessus de la Cure, dominant un autre très vieux pont en briques placé en contre-bas à dr. A cet endroit, pour bien voir le site, il faut descendre sur le bord de la rivière, par le sentier à dr. précédant le nouveau pont.

Si l'on dispose de quelque temps (1 h., aller et retour), au lieu de descendre immédiatement sur le bord de la rivière, on traversera le pont et l'on continuera à monter le ch. de Ménades, pendant environ trois cents m., jusqu'au calvaire, situé un peu avant la *borne 9.5*. Ici, à l'extrémité du parapet, quitter la r. (d'où l'on a une vue magnifique) et prendre le ch. de chars, à dr., qui longe le haut des falaises de la Cure ; ensuite descendre le premier ch. pierreux, encore à dr., qui conduit au *moulin Gingon*, au bord de la rivière, en vue des belles *roches de Gingon*.

Du moulin, revenir vers Pierre-Perthuis par le sentier qui côtoie la Cure (se méfier des vipères). On traverse le vieux pont et l'on remonte au village.

On peut encore visiter, en suivant la rive dr. de la rivière, en aval des ponts, la curieuse *Pierre Percée*, arcade naturelle ouverte dans une roche, voisine de la Cure. Il faut environ 15 min. pour s'y rendre du village, mais comme le ch. n'est pas facile à trouver, on fera bien de se faire accompagner par une personne du pays.

Pour mémoire. — De **Pierre-Perthuis** à **Avallon**, *V.*, en sens inverse, page 28.

La r. de Vézelay infléchit vers l'ouest et domine le profond ravin de la Cure. Sauf une courte montée (2'), on continue à descendre agréablement, après avoir croisé (**1.1**) le ch. de Tannay (18.7) à Avallon (14.9), jusqu'au village de Saint-Père (**2.2**), construit sur l'emplacement d'un antique monastère.

La r. passe devant l'**église de Saint-Père**, dédiée à Saint-Pierre. Cette église, une merveille d'architecture gothique, offre, à l'extérieur, un clocher ajouré et un porche dont les fines sculptures sont de véritables dentelles de pierre ; visiter également l'intérieur.

Quatre cents m. après l'église, on atteint, au centre du village, le croisement (**0.4**) de la r. d'Avallon (12.7) à Vézelay ; tourner à g.

Avant de se diriger vers Vézelay, ne pas manquer d'aller jeter un coup d'œil sur le joli paysage que présente la vallée de la Cure du haut pont de Saint-Père, situé à dr. à vingt m. (Hôt. de la *Cure*).

Pour mémoire. — De **Saint-Père** à **Avallon**, *V.*, en sens inverse, page 28.

Au delà du village, on laisse à dr. (**0.7**) le ch. direct de Sermizelles (10.6) et l'on attaque une côte, longue de dix-sept cents m. (23').

La r. s'élève en contournant la montagne de Vézelay ; belle vue de cette ville, le Saint-Flour du Morvan, bâtie sur le penchant et au faîte d'une éminence en forme de promontoire qui commande la vallée.

Laissant à dr. (**1.5**) le ch. de Sermizelles, par Asquins, qu'on prendra au retour, on aboutit, en bas de la ville, sur une large place inclinée, où se trouve à g. l'hôtel-auberge de la *Poste et du Lion-d'Or* (**0.1**), vis-à-vis l'entrée de l'antique cité de **Vézelay** (Ch.-l. de c. — 863 hab.).

Visite de la ville de Vézelay (environ 2 h.). — On entre dans Vézelay par la *porte Saint-Etienne*, vis-à-vis l'hôtel, et l'on gravit la rue escarpée *Saint-Etienne*, du nom d'une ancienne église, dont les bâtiments, à dr., sont aujourd'hui occupés par une boulangerie ; plus haut, on remarque à g. la maison native de Théodore de Bèze (petit musée et bibliothèque).

Parvenu à une bifurcation des rues, suivre celle du milieu, la *grande rue Saint-Pierre*, qui passe devant la tour de l'Horloge, attenante à la place du *Marché*.

Dans la même rue, un écriteau, à g., signale la demeure du gardien, auquel on doit s'adresser pour visiter (gratification) la magnifique **basilique de Vézelay**, dite l'église de la Madeleine (crypte, musée archéologique et ascension de la tour ; point de vue merveilleux, un des plus beaux du centre de la France).

A la sortie de l'église, tourner à g. et suivre le ch. qui conduit aux terrasses, plantées d'arbres séculaires, sur l'emplacement de l'ancien château et de l'abbaye de Vézelay, aujourd'hui disparus (panorama très beau, quoique moins étendu que du haut de la tour de l'église).

Contournant le chevet de la basilique, à g., on prendra, un peu avant d'arriver à la place de l'église, la première ruelle à dr., entre des murs, qui croise un ch., puis descend, en sentier, au milieu des vignes, jusqu'aux ruines de la *porte Sainte-Croix*.

Ici, tournant à g., on longe les vieux remparts, flanqués de tours, et l'on passe devant la *porte Neuve*, assez bien conservée.

Plus loin, le cours *Boureau* aboutit à la place où se trouve l'hôtel.

Reprenant la r. de Saint-Père, on la quittera, cent m. plus bas (**0.1**), pour descendre à g. le ch. d'Asquins. Celui-ci contourne la montagne de Vézelay et vient rejoindre (**2**) la r. de Saint-Père (1.9) un peu avant d'atteindre le village d'Asquins (**0.7**) situé au bord de la Cure.

La r., très faiblement ondulée, descend la rive g. de la rivière. On laisse à g. (**3**) le ch. de Coulanges (22.2) ; puis, après trois petites montées insignifiantes, sortant d'un dernier étranglement de la vallée, on gagne Blannay (**2.7**) dans le bassin de prairies où viennent se confondre les eaux de la *Cure* et du *Cousin*.

Ici, la r. oblique vers l'est pour franchir la Cure (**0.6**), immédiatement au-dessous de son confluent avec le Cousin. On coupe (**0.2**) un premier ch. de Givry (1.3) à Sermizelles (1.1), puis, après le croisement d'un second ch., reliant encore ces deux localités (**0.1** — à g., à 200 m., la station de **Sermizelles** et l'hôtel de la *Gare*, tenu par M. *Fourrey*), on atteint (**0.3**) la r. d'Auxerre à Avallon (*V.* page 20).

D'AVALLON A SEMUR

Par Cussy-les-Forges, Saint-André-en-Terre-Plaine, Savigny-en-Terre-Plaine, Toutry, Epoisses et Pouligny.

Distance : **35** kil. **700** m. *Côtes :* **1** h. **13** min.
Pavé : **10** min.

Nota. — Cette route, fortement ondulée, présente une succession de montées et de descentes, à part le trajet sur le plateau situé entre Toutry et Pouligny là où le terrain est plus uni.

Quittant l'hôtel de la *Poste et des Voyageurs*, suivre à g. la rue de *Lyon* dans toute sa longueur (Pavé : 5'). Hors la ville, on laisse à g. (**0.8**) le ch. de Sauvigny-le-Bois pour continuer à dr.

La r. traverse la partie supérieure du ravin des *Minimes*, puis, très ondulée au milieu d'une région sans caractère, monte (Côtes : 5', 5' et 3') au hameau de la Tuilerie de Cercé (**3.8**) où vient rejoindre, à g., le ch. de Lucy-le-Bois (9.7). Ici, inclinant vers l'est, on néglige à g. le ch. de Guillon (10.9), par Maison-Dieu (5.2), et, franchissant une série d'ondulations (Côtes : 8', 4', 2', 3' et 2'), on atteint le village de Cussy-les-Forges.

Parvenu à hauteur de l'église (**5.5**), abandonner la r. de Rouvray (8 — direction de Saulieu, V. page 29) et prendre à g. le ch. de Savigny-en-Terre-Plaine.

Celui-ci ondule (Côtes : 7', 4' et 1') entre des prairies et des cultures, croise (**2.3**) la *ligne d'Avallon à Autun*, puis traverse le village de Saint-André-en-Terre-Plaine (**0.2**).

Descente en pente douce, longue de deux kil., offrant une vue étendue sur la vaste vallée-plaine, bien découverte, qu'arrose la rivière du *Serein*. Le *château de Ragny* apparait à g., à moitié caché dans un bouquet de bois; courte descente, très rapide, dans Savigny-en-Terre-Plaine (**2.9** — A voir : l'église ; tombes du premier marquis de Ragny, ami de Henri IV, et de sa femme Catherine de Cypierre).

Au bas du raidillon, vis-à-vis la mare, négliger à dr. le ch. de Sainte-Magnance (5.6) et monter à g. (3') dans la direction de Toutry. A g., une chaine de collines borne l'horizon, tandis qu'on parcourt une grande plaine de culture que jalonne un orme isolé. Descente rapide vers l'oasis boisée où se dissimule le village de Toutry, au bord du Serein.

On laisse à g. (**2.3**) le **chemin de Guillon** (*V.* page 27) et l'on entre (**0.1**) dans le dép[t] de la Côte-d'Or. Petite descente; à dr., se détache (**0.3**) le ch. de Montzeron (1 — *V.* page 28). On franchit le Serein au bas de Toutry (**0.2**).

Forte côte (10') pour regagner le plateau. La r., bordée d'ormes et d'acacias, toute droite, conduit à Epoisses. A l'entrée de ce village on longe les douves du *château d'Epoisses*, à g., dont les eaux baignent le curieux front bastionné.

Au milieu du village (**1.2** — Hôt. de la *Pomme d'Or*), négligeant à dr. le ch. de Montberthault (4.7), continuer à g. pour passer devant la porte fortifiée de la première enceinte du château.

Le **château d'Epoisses** (pour visiter, s'adresser au concierge; durée de la visite, 45'; gratification), qui appartient à la famille de Guitaut, renferme une importante collection d'objets d'art et de portraits anciens; on y voit la chambre de Mme de Sévigné. Dans la première enceinte du château, se trouve l'église paroissiale; curieuses inscriptions sur pierres tombales.

A la sortie du village, la r. continue à dr. du cimetière; puis, légèrement montante, laisse à g. (**0.1**) le ch. de Montbard (24.1). On traverse un grand plateau ondulé (Côtes : 3' et 1') précédant le hameau de Pouligny (**1.5**), à cheval sur les deux ruisseaux des *Iles* et des *Vaux* dont les ravins contigus occasionnent deux descentes rapides suivies de deux côtes (5' et 8').

Le terrain s'accidente fortement et les descentes ne font qu'alterner avec les montées (Côtes : 4', 8', 3' 7' et 2') jusqu'aux approches de Semur où se détache à dr. (**6.9**) le **chemin de Rouvray** (20.8).

Un peu plus bas, à l'entrée du faubourg (**0.2**), on

coupe la r. de Montbard (17.2) à Courcelles (4.7 — direction de Saulieu, *V.* page 76) ainsi que la ligne du tramway à vapeur de *Semur à Saulieu*.

Descente très rapide de la rue de *Paris;* vue saisissante de la ville de **Semur** (Ch.-l. d'arr. — 3 835 hab.) et de son donjon, flanqué de quatre énormes tours, qui, étagés sur le flanc d'un promontoire à pic, dominent le profond et pittoresque ravin où coule l'*Armançon*.

On franchit un pont dont l'unique arche, de 24 m. d'ouverture, est jetée à une grande élévation au-dessus de la rivière, puis l'on gravit la rampe de la rue du *Pont-Joly* (Côte : 5' — Pavé : 5'), au pied de la ville.

Plus haut, la rue *Voltaire*, prolongement de la rue du Pont-Joly, laisse à dr. la *porte Guillier* (**1**) qui donne accès dans la ville, continuant devant soi, on atteint l'hôtel recommandé du *Commerce*, situé à g., au nº 25 de la rue de la *Liberté* (**0.1**).

Visite de la ville de Semur (environ 3 h.). — A la sortie de l'hôtel du *Commerce*, suivre à dr. la rue de la *Liberté* pendant cent m., puis entrer dans la ville par la *porte Guillier*, à g. De l'autre côté des deux voûtes, la rue *Buffon*, bordée d'anciennes maisons, mène à la place *Notre-Dame*, au point culminant de la ville.

Sortant de l'église Notre-Dame, prendre à g. l'étroite rue de la *Fontaignotte*. Celle-ci passe devant la grille de l'Hôtel de Ville et sort de la ville primitive par une porte ogivale pour aboutir à la rue du *Bourg-Voisin*, à l'entrée de la place de l'*Ancienne-Comédie*, à g.

Ici, suivre à dr. la rue du Bourg-Voisin conduisant dans la direction de la gare. A dr., à l'angle de la ruelle *Trémy*, on remarque un beau calvaire sculpté, et, plus loin, près de la gare, on a une très belle vue, à dr., sur la *gorge de Champelon*.

Revenir sur ses pas par la rue du Bourg-Voisin jusqu'à la place de l'Ancienne-Comédie. Sur cette place, la rue *Jean-Jacques-Collenot*, à dr., conduit au Musée (2ᵉ maison à g. — ouvert le dimanche de 1 h. à 3 h.; les autres jours s'adresser pour visiter au concierge de l'Hôtel de Ville). La rue *Notre-Dame*, à g., ramène à la place Notre-Dame, où l'on continuera, devant le portail de l'église, à descendre la rue qui bientôt se rétrécit, en obliquant à dr., sous le nom de rue *Févret*.

Au bas, suivre à g. la rue du *Rempart*; on passe à côté de l'une des quatre grosses tours d'angle de l'ancien Donjon et, continuant tout droit, on arrive à une petite place triangulaire où la rue bifurque. En prenant à g. la rue de l'*Hôpital*, puis, aussitôt à dr., une ruelle entre deux murs, on atteint la promenade des Remparts, ombragée de tilleuls; vue magnifique sur la vallée de l'*Armançon* et le pittoresque faubourg des Tanneries.

Après avoir fait le tour de la promenade, revenir à la petite place triangulaire et descendre une ruelle à g. prolongée plus bas, encore à g., par un ch. qui longe les remparts et aboutit devant un pont sur l'Armançon. Continuant la rue à g., on atteint, par le quai des *Abattoirs*, le *pont Pertuisot* d'où l'on a une vue superbe de la ville, de ses tours et de ses rochers. On pourra encore continuer devant soi la rue *Chaude*, puis la rue des *Saussis*, jusqu'au beau viaduc du ch. de fer.

Revenant sur ses pas, on laisse à g. le pont Pertuisot, et, par les rues des *Tanneries* et des *Vaux*, l'on se retrouvera au pied de la rampe de la rue du *Pont-Joly* qui ramène à dr. en ville.

Excursion recommandée au départ de Semur. — Le barrage de Pont (**8** kil. **900** m., aller et retour. — Côtes: **44'**).

Itinéraire : Sortant de l'hôtel du *Commerce*, tourner à g. dans la rue de la *Liberté*, puis aussitôt à dr. dans la rue des *Carmes*. Celle-ci croise la rue *Jean-Jacques Collenot* et aboutit à la rue du *Bourg-Voisin* qu'il faut suivre à g. Au pavillon de l'*octroi*, continuer à dr. par l'avenue de la *Gare*. Arrivé vis-à-vis la gare (**1**), monter la r. à dr. (**1'**) qui passe devant une scierie et croise la ligne.

La côte se prolonge (**15'**) de l'autre coté de la voie; mais, plus haut, on devra abandonner la r. pour prendre le ch. à g. signalé par un peuplier placé devant trois bornes (**0.6**). Ce deuxième ch. traverse un plateau en dos d'âne, puis descend rapidement. A g., se détache un autre ch. montant (**1.7**) qu'on pourra suivre au retour pour varier l'excursion.

Ayant franchi l'*Armançon* (**0.2**), on monte (**10'**) dans le village de Pont-et-Massenne. Parvenu à la seconde auberge (**0.3**), déposer sa machine en garde et se rendre à pied au pont-barrage, situé à deux cents m., à l'entrée d'un pittoresque vallon boisé (**30'**, aller et retour).

Le *barrage de Pont*, très belle œuvre d'art, a pour but de retenir une partie des eaux de l'Armançon destinées à alimenter le *canal de Bourgogne*. Le bassin, formant lac, qui précède le barrage contient 2.500.000 m. cubes d'eau.

A l'extrémité du pont-barrage, un escalier métallique, à g., descend au *parc* où l'on traverse la rivière, au pied du barrage, pour regagner ensuite le village de Pont-et-Massenne.

Au retour, après le pont de l'Armançon, quitter le ch. par lequel on est venu et gravir à dr. (**0.5** — Côte : **5'**) le ch. qui conduit au croisement de la r. (**1.3**) de Villeneuve-sous-Charigny à

Semur. Ici, tournant à g., on monte (5') au hameau de Massenne, puis l'on rejoint (**2.5** — Côte : 8') la r. des Laumes. Celle-ci, à g., ramène à l'hôtel du *Commerce* à Semur (**0.8**).

Le **château de Bourbilly** (**21** kil., aller et retour. — Côtes : 48' — Pavé : 10').

Itinéraire : Quittant l'hôtel du *Commerce*, suivre à dr. la rue de la *Liberté* (Pavé : 5'), puis la rue *Voltaire*, pour descendre ensuite par la rue du *Pont-Joly*, au pont sur l'*Armançon*.

De l'autre côté de la rivière, montée dure (15') de la rue de *Paris*. A la sortie du faubourg, inclinant à g., on croise (**1.1**) la **route de Montbard à Saulieu**; deux cents m. plus loin, abandonner (**0.2**) la r. d'Avallon et prendre à g. le ch. de Rouvray.

Celui-ci passe sous la ligne d'Avallon (Côte : 5') et longe à g. un petit bois. Après avoir traversé le ru de *Gernaut* (Côte : 2'), on laisse à dr. le hameau de Menetoy (**3**) et l'on arrive à Vic-de-Chassenay (**1.7**). Dans ce village, le ch. infléchit d'abord à g.; ensuite, laissant à g. (**0.5**) la direction de Chassenay, continue à dr. sur un plateau ondulé. Dépassé le hameau de Bourbilly (**2**), on descend, sur la lisière du *bois des Chaumailles*, pour gagner la rive dr. du *Serein*. Ici, quitter (**1.3**) le ch. de Rouvray et se diriger à g. vers le *château de Bourbilly* (**0.7**), illustré par le séjour de sainte Jeanne de Chantal, aïeule de Mme de Sévigné.

Le château, restauré, renferme de belles tapisseries; dans la chapelle, but de pèlerinage, se trouvent des reliques de la sainte.

Retour à Semur par le même itinéraire (**10.5** — Côtes : 15', 2', 3', 3' et 5' — Pavé : 5').

Les **ruines du château du Thil** (**31** kil. **600** m., aller et retour. — Côtes : 1 h. 4' — Pavé : 10').

Itinéraire : De l'hôtel du *Commerce* au croisement de la route de Montbard à Saulieu (**1.1** — Côte : 15' — Pavé : 5'), *V.* ci-dessus.

Prenant à g. la r. de Saulieu, qu'accompagne la ligne du tramway à vapeur, successivement on croise le ruisseau du *Chenot* et la *ligne d'Avallon*. A g., le *bois de Montille* masque la vallée de l'*Armançon*; de ce même côté, plus loin, on aperçoit le *château de Montille*.

La r. s'élève (15') sur un plateau ondulé où apparaissent quelques bois. Après le village de Courcelles-les-Semur (**5**), ayant traversé un taillis, on longe le parc du *château de Bierre-les-Semur*, à dr., et l'on franchit le ruisseau de la *Ronce* (**2.7**). Laissant à dr. (**1.1**) le ch. de Bierre-les-Semur (1), on domine bientôt la vallée du *Serein* vers laquelle conduit une descente rapide et courbe; très belle vue.

Parvenu au hameau de **La Rue-Neuve** (**1.5**), faubourg de Précy, traverser la r. d'Avallon (35) à Vitteaux (18) pour monter, vis-à-vis, vers le centre du gros village de **Précy-sous-Thil** et gagner l'église (**0.8** — Côte : 8' — Ch.-l. de c. — 765 hab. — Hôt. de *Maisonneuve*).

Ayant laissé sa machine en garde à Précy (à pied : 1 h. 15', aller et retour), on prendra à dr. de l'église le ch. de Maison-Dieu, qu'il faut suivre pendant huit cents m., jusqu'à la bifurcation (**0.8**) du ch. de Thil-en-Auxois. Ce dernier, à g., monte à l'église isolée de Thil (**1**), d'où une magnifique allée de tilleuls conduit aux ruines imposantes du *château de Thil* (**0.3**), qui occupent le sommet d'un mamelon dénudé faisant face à une autre hauteur appelée la *Montagne* ; vue superbe.

Retour à Semur par le même itinéraire (**17.3** — Côtes : 15', 6' et 5' — Pavé : 5').

Pour mémoire. — De **Semur** à **Saulieu**, par Courcelles-les-Semur (**6.1**), La Rue-Neuve (**8.3**), Pont-d'Aisy (**0.5**), Montlay (**4.5**) et Saulieu (**10.5** — *V.* page 37).

De Semur à La Rue-Neuve, *V.* page 75.

Au hameau de La Rue-Neuve, laissant devant soi le ch. qui monte dans Précy-sous-Thil, on tourne à dr. sur la r. d'Avallon pour franchir le *Serein* au hameau du Pont-d'Aisy.

Sur l'autre rive de la rivière, on abandonne la direction d'Avallon pour reprendre à g. celle de Saulieu.

La r. descend, traverse un affluent du Serein, puis s'élève vers Montlay ; dépassé ce village, elle atteint 417 m. d'altitude et pénètre dans des bois qu'on parcourt sur une longueur de trois kil. A la sortie des forêts, belle vue de Saulieu et des monts du Morvan. Deux cents m. après avoir croisé la *ligne d'Avallon à Autun*, quitter la r. conduisant dans Saulieu par le fg Saint-Nicolas, et gagner la ville par le ch. à g. qui évite tout pavage.

De **Semur** à **Montbard**, par le pont de Chevigny (**3.3**), Chevigny (**2**), Champ-d'Oiseau (**3**), les ruines de Montfort (**5**) et Montbard (**5.2** — *V.* page 117)

De Semur au croisement de la r. de Montbard à Saulieu, *V.* page 75).

La r. de Montbard, à dr., parcourt un petit plateau, situé entre la vallée de l'Armançon et le vallon du ru de *Gernaut*, puis descend au pont de Chevigny où l'on traverse l'*Armançon*.

De l'autre côté de la rivière, négligeant le ch. de Viserny qui s'éloigne à g., dans la direction de la vallée de l'Armançon, on rencontre successivement le château et le hameau de Chevigny.

Après avoir croisé le ru de *Bierre*, la r. s'élève par une côte de quinze cents m. entre le *mont de Gras*, à g., et des hauteurs boisées, à dr.; puis, passant du bassin de l'Armançon dans celui de la Brenne, descend vers la gracieuse vallée de la *Dandarge*, où l'on peut visiter les ruines encore imposantes du *château de Montfort*.

Au delà des ruines, ayant franchi la Dandarge, on suit la rive dr. de cette rivière jusqu'à son débouché dans la vallée de la *Brenne*, près de Montbard.

DE SEMUR A SAINT-SEINE-L'ABBAYE

Par Villenotte, Les Laumes, Alise-Sainte-Reine, Grésigny-Sainte-Reine, Darcey, Courceau, Saint-Germain-Source-Seine et Bligny-le-Sec.

Distance : **19** kil. **100** m. *Côtes* : **1** h. **53** min.
Pavé : **2** min.

Nota. — Les détours à faire, en dehors de la route directe, pour se rendre successivement sur le plateau d'Alise-Sainte-Reine, au château de Bussy-Rabutin, aux grottes de Darcey et aux sources de la Seine, allongeant considérablement l'itinéraire, le touriste, qui voudra visiter ces sites, devra partager le trajet de Semur à Saint-Seine-l'Abbaye en deux étapes. Le premier jour, on arrivera pour déjeuner aux Laumes, où se trouve l'excellent petit hôtel de la *Gare*, situé vis-à-vis la station; dans l'après-midi, on visitera tranquillement Alise-Sainte-Reine et le célèbre plateau d'Alésia, puis, le soir, on dînera et l'on couchera aux Laumes. Le lendemain, continuer l'itinéraire en visitant, dans la matinée, le château de Bussy-Rabutin; on ira ensuite déjeuner à Darcey, et, l'après-midi sera consacré à la visite des grottes de Darcey et des sources de la Seine.

Au départ de l'hôtel du *Commerce*, suivre à g. la rue de la *Liberté* (Pavé : 2'), début de la r. des Laumes, qui longe la promenade du *Cours*; légère montée. On laisse à dr. (**0.8**) la r. de Pouilly (31.2) et de Massenne (2.3) et l'on parcourt une région de culture, en se dirigeant vers une chaîne de hautes collines.

Après Villenotte (**2.6**), se présente une longue rampe, en partie dure (6' et 6'). Négligeant à dr. (**0.2**) le ch. de Pouillenay (6.4) et de Flavigny (11.6. — Ancienne abbaye), on descend d'abord rapidement, ensuite en pente douce, le gracieux vallon de *Veau*, au-dessous du village de Massingy-les-Semur, à g.

La r., bordée de peupliers, débouche près du confluent de plusieurs ruisseaux. au milieu d'un cirque entouré de jolies hauteurs; puis, décrivant une grande courbe à l'est, se dirige vers la large vallée de la *Brenne*. On franchit le *canal de Bourgogne*, près du village de Venarey (**2.2**), ensuite la rivière (**0.9**), dans le voisinage d'une cimenterie.

Ayant croisé (**0.6**) la r. de Montbard (13.3 — *V.* page 117) à Vitteaux (18.1 — *V.* page 115), continuant dans la direction de Darcey, on atteint la station des Laumes (**0.2**), importante comme point de bifurcation.

Si l'on s'arrête aux Laumes pour déjeuner, avant de monter à Alise-Sainte-Reine, on se dirigera à dr. de la r., vis-à-vis la station, vers l'hôtel recommandé de la *Gare*, tenu par M. *Sirot* (bonne table et bonnes chambres).

Pour mémoire.— Des **Laumes** à **Dijon**, par Vitteaux et Sombernon, *V.*, en sens inverse, page 114.

Dépassé la station, on longe la voie ferrée, puis l'on franchit la *ligne de Semur*. Quelques m. au delà du passage à niveau, à hauteur de la *borne 30.9* (**0.2**), le ch. d'Alise-Sainte-Reine se détache à dr.

Le ch. d'Alise-Sainte-Reine traverse la *plaine des Laumes* et conduit directement vers le *mont Auxois* sur les pentes duquel s'étage le vieux bourg. Trois lacets, très durs (25'), tracés au-dessous de l'*hôpital de Sainte-Reine*, mènent à l'entrée d'Alise-Sainte-Reine (**1.9**), où se détache à g. un ch. qui descend rejoindre (1.2) la r. de Darcey près du *pont de Presle* (*V.* page 79). Continuant à dr., cent m. plus loin, on peut déposer sa machine en garde au café des *Arts* (**0.1**) pour visiter ensuite à pied le plateau d'Alésia.

Le café est situé vis-à-vis d'une ruelle rapide, à dr., qui conduit, à cent m. de la rue principale, à la *chapelle* et à la *fontaine miraculeuse de Sainte-Reine*.

Revenu à la rue principale du bourg. continuer à dr. jusqu'au monument de Jeanne-d'Arc (**0.5** — petite statue équestre). Ici, gravir à g. le sentier menant sur la plate-forme du mont Auxois, au pied de la statue colossale de Vercingétorix (**0.3** — Alt. : 418 m. — Vue magnifique).

C'est sur ce plateau, qui commande tout le pays environnant, que s'élevait jadis le fameux oppidum d'**Alésia**, dernier refuge de la nationalité gauloise. Après la conquête, la ville d'Alésia devint sans doute un important camp romain, puis disparut. Ici, comme à Gergovie, près de Clermont-Ferrand, et à Bibracte, sur le mont Beuvray (*V.* page 55), on chercherait en vain quelques vestiges apparents de constructions antiques, rien n'a subsisté. Les fouilles, la quantité d'objets gaulois et gallo-romains trouvés aux environs, et les travaux des érudits ont seuls pu déterminer les emplacements de ces trois antiques cités gauloises.

Si l'on est monté en machine à Alise-Sainte-Reine, et, si l'on doit continuer l'itinéraire sans revenir sur les Laumes, on reprendra sa bicyclette au café des *Arts* (**0.8**) et l'on descendra du mont Auxois par le ch. situé à l'entrée du village pour regagner (**1.3**) la r. de Darcey, près du pont de Presle (*V.* ci-dessous).

La r. de Darcey, légèrement montante, contourne la base nord du mont Auxois; elle est rejointe (**2.1**) par le ch. descendant d'Alise-Sainte-Reine (1.3), près du *pont de Presle* où l'on franchit l'*Oze*.

Quelques m. plus loin, de l'autre côté du passage à niveau (**0.1**), la r. de Darcey continue à dr., laissant à g. le ch. de Grésigny-Sainte-Reine et de Chanceaux.

Pour aller visiter le *château de Bussy-Rabutin*, une des curiosités de la région, on devra prendre à g. le ch. de Grésigny. Presqu'aussitôt remarquer à g. de la chaussée les deux *bornes* qui indiquent la place des anciens fossés de contrevallation et de circonvallation, creusés par les Romains pour l'attaque d'Alésia; ces bornes ont été établies à la suite des fouilles dirigées par Napoléon III.

Dépassé le village de Grésigny-Sainte-Reine (**0.8**), on remonte le vallon de *Rabutin*, dominé par de hautes collines; une côte (3'). A g., sur le penchant de la montagne, apparait le village de Bussy-le-Grand.

Parvenu à hauteur de la *borne 24*, près d'une ferme située à un croisement de ch. (**1.6**), quitter la r. de Chanceaux et gravir à dr (10') le ch. escarpé, entre des haies, qui conduit au hameau de Rue-du-Château. A l'extrémité du hameau se trouve à dr. la porte d'entrée, encadrée d'ormes, du château (**0.7** — pour visiter, s'adresser au concierge et donner sa carte; gratification).

Le **château de Bussy-Rabutin**, aujourd'hui propriété de Mme la comtesse de Sarcus, fut construit au XIIe s. et passa successivement entre diverses mains, avant d'échoir à Léonor de Rabutin, baron d'Epiry. Son fils, le comte Roger de Bussy-Rabutin, exilé dans ce domaine par Louis XIV, pour avoir écrit l'*Histoire amoureuse des Gaules*, s'amusa à y collectionner une quantité considérable de portraits et à y peindre des dessins allégoriques, qu'il agrémenta de devises et de commentaires satiriques.

Successivement on visite la *salle des Devises*, la *chambre à coucher de Bussy-Rabutin*, le *salon des grands hommes de guerre*, la *chambre* et la *petite chambre Sévigné*, la *Tour dorée*, la *Galerie* et la *Chapelle*.

Du château, redescendre à la r. de Darcey (**3.1** — Côte : 5').

La r. de Darcey, faiblement ondulée, longe *la ligne de Dijon* et remonte le vallon pittoresque de l'Oze que bordent des escarpements rocheux, par place couronnés de bois ; à dr., se détache (**3.5**) le ch. de Flavigny (5.4 — *V.* page 77). Plus loin, parvenu à un frais bassin de prairies, on néglige à dr. (**0.9**) le ch. de Gissey-sous-Flavigny.

La r., à g., remonte le vallon du ru du *Vaux*, laisse à g. (**1.5**) le ch. de Baigneux (11.9) et atteint le village de Darcey, au confluent de la *Douise*, rivière dont la source se trouve située au-dessous de l'entrée des *grottes de Darcey* (*V.* ci-dessous).

On traverse tout le village, et, si l'on veut déjeuner puis visiter les grottes, on devra s'arrêter à l'auberge *Bergeret*, à dr. (**0.7**), l'aubergiste se chargeant de conduire les visiteurs aux grottes.

On continue à monter (6') la r. de Chanceaux jusqu'à hauteur de la *borne 40.6* (**0.6**), où se détache à g. l'ancien ch. de Baigneux qui conduit également aux grottes.

L'ancien ch. de Baigneux remonte (10') le ravin de la Douise. Parvenu à un groupe de peupliers, à g. (**0.6**), on quitte le ch. et l'on trouve à g., dans le fourré, un sentier sous bois qui mène (6') au fond même du ravin. A cet endroit, sous une voûte de rochers, située au-dessus de la source de la Douise, s'ouvre l'entrée des **grottes de Darcey**. Pour accéder au trou qui précède le couloir souterrain, il faut gravir une courte échelle appliquée contre la paroi.

La visite des grottes (environ 1 h. 1/2), qui se composent d'une série de couloirs alternant avec des salles pour aboutir à un lac, est peu commode. Certains passages sont difficiles et il ne faut pas craindre de gâter ses effets si l'on n'en a pas de rechange. Il est regrettable que la commune de Darcey ne prenne pas des mesures pour faciliter le parcours de ces intéressantes grottes.

Retour à la r. de Chanceaux (**0.6**).

La r. de Chanceaux, tournant à dr., s'élève (20') vers le haut plateau qui domine le vallon du ru du Vaux; puis, ondulée (Côtes : 3' et 8'), atteint (**9.5**) le croisement de la r. nationale de Troyes à Dijon. Descendre à dr., dans le vallon de la *Seine*, au hameau de Courceau (**1**). Ici, quitter la r. nationale et s'engager à dr. sur le ch., médiocre, de Saint-Germain-Source-Seine.

La r. nationale remonte (8') sur le plateau et passe à Chanceaux (**2.5**); elle laisse à g. (**2**) une r. dans la direction de Pellerey-sur-l'Ignon (4), puis, à dr. (**1.7**), un petit ch. qui conduit, par la *ferme des Vergerots* (1.5), aux *sources de la Seine* (0.5 — *V*. ci-dessous), mais les deux kil. de ce ch. sont impraticables aux voitures et l'on ne trouve aucune maison, sur la r. nationale, où l'on pourrait déposer sa machine.

La r. suit la ligne de faîte du partage des eaux de la Méditerranée, à l'est, et de l'Océan, à l'ouest. On domine à g. le début de la vallée de l'*Ignon*, rivière dont la source, toute voisine, est masquée par un bois.

Dépassé le croisement (**4.2**) du ch. de Champagny (0.5) à Bligny-le-Sec (2), on rejoint (**2**), après quelques ondulations (Côtes: 4', 3' et 4'), le ch. qui vient à dr. de Courceau, par Saint-Germain-Source-Seine et Bligny-le-Sec.

De cet embranchement à Saint-Seine-l'Abbaye (**2**), *V*. page 82.

Le ch. de Saint-Germain-Source-Seine monte (20') en longeant le *bois du Perrier*. On traverse ensuite les *bois Tarcot* et des *Charbonnières* pour gagner un plateau couvert de cultures.

Au village de Saint-Germain-Source-Seine (**4**), près d'une croix abritée sous un superbe marronnier, laisser à g. le ch. de Chanceaux (4) et continuer tout droit dans la direction de Bligny-le-Sec; côte (5') suivie d'une légère descente.

Arrivé à un endroit où le ch. est bordé de haies, à un kil. de Saint-Germain (**1**), se détache à g. le ch. de chars qui conduit aux *sources de la Seine* (à pied : 40', aller et retour).

On suit ce ch., très rocailleux, entre des haies, jusqu'à une bifurcation où l'on continue à dr. Le ch., devenant gazonné, s'engage sous des hêtraies, puis descend rapidement. Au bas, dans un étroit vallon boisé et rocheux, on laisse à g. une maison recouverte de tuiles rouges, autrefois habitée par un garde, et l'on se dirige à dr. vers un petit chalet construit en bois et pierres trouées, couvert de chaume. Passant à côté du chalet, on traverse un pré pour atteindre la barrière du parc minuscule qui entoure le monument des **sources de la Seine (1.2)**.

Se diriger vers la grotte où apparaît la *Nymphe de la Seine*, statue couchée et accoudée sur l'urne d'où s'échappent à leur naissance les eaux du fleuve.

Retour au ch. de Bligny-le-Sec **(1.2)**.

Le ch. de Bligny-le-Sec, passable seulement dans la bonne saison et par temps sec, s'élève (5') vers les *bois du Haut-des-Laviers* qu'on traverse sur une longueur de trois kil. (Côte : 3').

A la sortie des bois, longeant le vallon découvert de *Bonneraux*, à dr., on retrouve une région banale de champs que creusent deux plis de terrain (Côtes : 3' et 6').

Dans Bligny-le-Sec **(6.3)**, à la fontaine, monter le ch. à g. (2'). Quatre cents m. plus loin, devant une croix **(0.4)**, on abandonne la direction de Poncey-sur-l'Ignon (5.4) pour prendre à dr. celle de Saint-Seine-l'Abbaye.

Longue côte (15') menant au faîte d'un vaste plateau d'où l'on descend rejoindre **(1.8)** la r. nationale de Troyes à Dijon ; tourner à dr.

Après une courte montée (5'), on descend par trois lacets des plus rapides dans le profond vallon du ruisseau de *Saint-Seine*, ou des *Grèges*, où se trouve situé **Saint-Seine-l'Abbaye** (Ch.-l. de c. — 515 hab. — A voir : l'église).

Au bas de cette descente, véritablement plongeante, la r. tourne à dr., à angle droit, et, sous le nom de rue *Carnot*, traverse tout le village. S'arrêter à g., au n° 13, à l'entrée de la cour de l'hôtel de la *Poste* **(2)**.

DE SAINT-SEINE-L'ABBAYE A DIJON

2 ITINÉRAIRES

Itinéraire A. — Par Les Bordes-Bricard, Fromenteau, Le Val-Suzon, Suzon-Bas, Sainte-Foy et Messigny.

Distance : **40** kil. **900** m. *Côtes :* **1** h. **38** min.
Pavé : **5** min.

Nota. — Le parcours du val du Suzon étant la partie la plus intéressante du trajet, entre Saint-Seine-l'Abbaye et Dijon, les cyclistes et automobilistes ne devront pas hésiter à suivre de préférence l'itinéraire ci-dessous, qui leur permettra de visiter le val du Suzon *dans toute sa longueur*, au lieu de seulement le traverser s'ils prenaient la route nationale, décrite à l'itinéraire B.

A part la côte des Bordes-Bricard, longue de trois kil. et demi, mais bien ménagée comme rampe, et quelques montées insignifiantes, au delà de Messigny, on descend presque toujours agréablement.

Sortant de la cour de l'hôtel de la *Poste*, on suit à g. la r. nationale, pendant deux cents m., et, parvenu presque en face de la place plantée d'arbres, on quitte (**0.2**) la r. pour s'engager à dr. sur le ch. des Bordes-Bricard.

Celui-ci remonte, à flanc de colline, le vallon découvert de l'*Ougne* (Côte : 1 h.), pour atteindre le plateau très froid et monotone des Bordes-Bricard (**3**).

Dépassé ce village, on laisse à g. (**0.7**) le ch. peu recommandable des Bordes-Pillot (2.2) et, continuant de monter (10', 3' et 2'), on atteint le hameau de Fromonteau (**1.7**), puis un carrefour (**1.9**) où cinq r. viennent aboutir.

Ici, abandonner les directions de Sombernon (10.5) et de Blaisy-Bas (3.5), et prendre à g. le ch. du Val-Suzon.

On descend vers le début du vallon, tandis qu'on aperçoit à dr., au milieu de prairies, le petit étang qui donne naissance à la source du *Suzon*. Bientôt le ch., à pente très douce, entre dans les bois et passe sous un véritable berceau de verdure, se glissant à travers un délicieux et étroit fouillis de sureaux, de noisetiers et de frênes; à g., vient rejoindre (**3.3**) le ch. des Bordes-Pillot (1.4 — *V.* ci-dessus).

Plus loin, le vallon, légèrement élargi, laisse entrevoir à g. de pittoresques escarpements rocheux et donne place, à dr., à un ruban de prairies. Les sites se succèdent très gracieux, environnés de montagnes couvertes de bois. A dr., on aperçoit la ferme isolée du *Val-Courbe* ; joli passage au-dessous d'un groupe de roches en forme d'aiguilles.

Le ch emprunte la r. nationale, pendant deux cents m., pour traverser le hameau du Val-Suzon (**7.9**), ensuite néglige à dr. le pont sur le Suzon que franchit la r. nationale (*V.* l'itinéraire B.).

Si l'on doit déjeuner au Val-Suzon, on traversera la rivière pour se rendre à la bonne auberge *Armedey-Rochefort*, située à g., à cent m. du pont.

En aval, après le village du Val-Suzon-Bas (**0.8**), le vallon, moins bocager, prend un instant un aspect plus sévère. On croise deux fois la *ligne de Dijon* à *Saint-Seine-l'Abbaye*, ainsi que la rivière, pour arriver au hameau de Sainte-Foy (**1.9** — Côte : 3' — petit castel avec tourelles), dans un charmant bassin, au débouché d'une combe boisée, d'où descend à g. le ch. de Curtil-Saint-Seine (3.3).

La vallée, élargie, fait un coude; deux raidillons (1' et 1'). On passe devant le café-ferme de *Jouvence*, à dr. (**2.2**).

Un sentier, derrière le café, franchit le Suzon et conduit, sous bois, à la *fontaine de Jouvence* (à pied : 40', aller et retour). A la première bifurcation continuer à g., pour arriver à une fraîche fontaine dont l'eau sort d'un rocher qu'entourent des bancs et des tables en pierre. Le ch., à dr., mène à une seconde fontaine, située au-dessous d'un chalet. En traversant la plate-forme, à g., devant la fontaine, on descend vers une jolie cascade. De cette cascade, le sentier conduit à une grotte qui abrite une table en pierre.

La r., laissant à dr. (**2.9**) le ch. d'Etaule (6.6), débouche du val du Suzon pour aboutir (**0.9**) à la r. de Vitry-le-Français à Dijon, à l'entrée de Messigny (Hôt. du *Lion-d'Or*).

Dans ce village, à dr., on passe devant l'église et une fontaine, décorée d'une statue d'Hercule, puis l'on descend rapidement vers une vallée-plaine moins intéressante; une côte (4'). On néglige à dr. (**2.6**) le ch. de

Dijon (8.2), par Ahuy, moins recommandable quoique plus plat, et l'on rejoint (**0.9**) la r., bordée de peupliers, de Langres à Dijon.

Celle-ci, accidentée, grimpe une série de mamelons (Côtes : 5', 2', 3', 3' et 1'). A dr., se dresse la butte de Fontaine-les-Dijon avec sa basilique, et, au loin, s'avance l'éperon du *mont Afrique* dominant la ville de Dijon étalée dans la plaine.

On s'embranche (**2.6**) sur la r. de Sarreguemines à Dijon qui descend en pente douce vers la ville ; à dr. (**1.8**), remarquer la pierre commémorative du combat du 23 janvier 1871 où la brigade de Riccioti Garibaldi s'empara du drapeau du 61e allemand.

Dépassé la grille de l'*octroi* (**1**), on entre dans **Dijon** par la rue du *Drapeau*. A l'extrémité de cette rue, parvenu à l'angle de l'avenue *Garibaldi* (**0.5**), suivre à dr. le large cours *Fleury*, planté d'arbres ; puis, à la suite, encore à dr., la rue *Sambin* qui coupe la rue *Devosge* et aboutit (Pavé : 5') à la place *Saint-Bernard*, ornée d'un petit square. Traverser cette place et prendre, vis-à-vis, la rue des *Godrans*. Suivre cette rue jusqu'à la troisième rue transversale, la rue de la *Liberté* au cœur de la ville.

Tourner à dr. dans la rue de la Liberté pour s'arrêter, cinquante m. plus loin, au nº 45, à l'excellent hôtel de la *Galère et des Négociants* (**1.1**).

Itinéraire B. — Par Cestre, La Casquette, Le Val-Suzon, Darois et La Fillotte.

Distance : **26** kil. **100** m. *Côtes :* **1** h. **15** min.
Pavé : **1** min.

A la sortie de Saint-Seine-l'Abbaye, la r. de Dijon remonte (20') par des contours sur le plateau. Après le hameau de Cestre (**1.8**), elle ondule (Côte : 2') et dépasse le hameau de La Casquette (**3**) ; trois côtes (8', 2' et 8').

On descend ensuite pendant quatre kil. ; d'abord sur la lisière du *bois de Val-Suzon*, puis, en s'engageant sous les bois, pour arriver au bas de la pente au hameau du Val-Suzon (**5.1**. — *V*. page 84).

Avant le pont, on laisse à g. le ch. de Dijon, par la vallée du Suzon. La rivière franchie, une longue côte de trois kil. (50') se présente à travers les *bois de Prange* et de *Rabot*, pour atteindre le haut plateau qui sépare la vallée du *Suzon*, à g., de celle de l'*Ouche*, à dr.

Petite descente à Darois (**5**), puis ondulations (Côtes : 4', 4' et 4') ; magnifique vue. A g., remarquer une pyramide tronquée, élevée à la mémoire du général polonais Bossack, fusillé par les Prussiens.

La r. laisse encore : à g., le fort détaché et le village d'Hauteville (**1.3**) ; puis, un peu plus bas, les villages de Changey et de Daix. A dr., une autre grande pyramide, entourée de chaînes et de canons, a été érigée par les survivants des combats de janvier 1871, à leurs camarades tués dans la plaine environnante.

La descente s'accentue ; elle est suivie d'une courte montée (3') au hameau dépendant du village de Talant (**3.9**), situé à dr. sur une butte ; tandis qu'à g. on aperçoit le village de Fontaine-les-Dijon couronnant un second monticule isolé.

A dr. un ch. monte en courbe (15') vers **Talant** (**0.9**). L'église est bâtie près d'une plate-forme où s'élevait jadis un château-fort dont il ne reste rien. La vue qu'on découvre de Talant, sur la vallée de l'*Ouche*, la ville de Dijon, le *mont Afrique* et la butte de Fontaine-les-Dijon, est très belle.

A g., un autre ch. descend parmi les vignes ; puis, ayant rejoint près d'une croix une r. venant de Dijon, s'élève à g. (15') vers le village de **Fontaine-les-Dijon** (**1**). A la place, ayant déposé sa machine dans l'un des cafés voisins, on continuera à pied, à g., par la rue *Jehly-Bachelier*. Cent m. plus loin, la ruelle escarpée *J. Collin-Barbier*, à dr., conduit à l'église et au sommet du monticule où est construite une élégante basilique dédiée à Saint-Bernard (**0.5**) ; belle vue du tertre situé à g. entre la basilique et l'église.

Talant et Fontaine-les-Dijon sont deux buts favoris de promenade pour les Dijonnais.

On entre dans **Dijon** par l'avenue Victor-Hugo qui conduit directement à la place *Darcy* (Pavé : 4'), où s'élève l'arc de triomphe, dit *porte Guillaume* (**2.5**). De l'autre côté de la porte Guillaume, commence la rue de la *Liberté* menant au centre de la ville. Dans la rue de la Liberté se trouve situé à g., au n° 45, l'hôtel recommandé de la *Galère et des Négociants* (**0.2**).

VILLE DE DIJON

Dijon, chef-lieu du département de la Côte-d'Or, compte 67.736 habitants.

Hôtel recommandé : — Hôtel de la *Galère et des Négociants*, 45, rue de la *Liberté*.

Cafés et brasseries : — De la *Concorde*; *Grand-Café*; de la *Rotonde*; du *Lion de Belfort*, tous quatre place *Darcy*.

Spécialités : — Le *pain d'épice*, la *moutarde* et la *liqueur de cassis* de Dijon jouissent d'une réputation européenne. On trouve chez les principaux confiseurs de la ville des colis-postaux, à tous prix, réunissant ces produits dijonnais.

Ateliers de réparations pour cycles et automobiles : — *E. Levoyet*, 1, place *Saint-Pierre* T. C. F. téléphone 383. Cycles Gladiator, stock Michelin, pièces de Dion.

Visite de la ville de Dijon (environ 5 h.; 9 h. en comprenant la visite des musées).

Nota. — Pour bien voir Dijon, il faut au moins deux journées. Le premier jour on parcourra l'itinéraire dans la ville, partie le matin, partie dans l'après-midi, en visitant les églises. Le second jour sera spécialement consacré à la visite des musées et de la Chartreuse de Champmol.

A la sortie de l'hôtel de la *Galère et des Négociants*, suivre à dr. la rue de la *Liberté*, conduisant devant l'arc de triomphe, dit la *porte Guillaume*, élevé à l'entrée de la place *Darcy*. Sur cette place, en arrière de la statue du sculpteur François Rude, se trouve le beau square du Château-d'Eau.

Prendre à g. de l'arc de triomphe, la rue du *Docteur-Maret* qui aboutit à la place *Saint-Benigne*, devant la Cathédrale.

Sortant de la cathédrale, tourner à g. et, passant devant le portail de l'église Saint-Philibert (transformée en magasin à fourrages), prendre la rue des *Novices*, à dr. du portail, qui conduit à l'église Saint-Jean.

Derrière l'église Saint-Jean, tourner à g. dans la rue *Bossuet*; puis dans la deuxième rue à dr., la rue de la *Liberté*. Celle-ci mène à la place d'*Armes*, en forme d'hémicycle, où s'étendent, à g., les grands bâtiments de l'Hôtel de Ville, sur l'emplacement de l'ancien château des ducs de Bourgogne. L'hôtel de Ville comprend le Palais des Etats de Bourgogne et l'Ecole nationale des Beaux-Arts (monter sur la tour de la Terrasse, très belle vue; s'adresser au concierge, sous l'horloge; gratification, 50 c.).

Traverser la place d'Armes, en biais, à dr., et passer sous la quatrième arcade, à dr., pour gagner, par l'étroite rue du *Palais*, la petite place où s'élève, à dr., le Palais de Justice, autrefois siège du Parlement de Bourgogne (pour visiter, s'adresser au concierge, à dr. du péristyle, au n° 8; gratification, 50 c.).

Revenir à la place d'Armes et continuer à dr. par la rue *Rameau*. On laisse à g. la place *Rameau*, où se trouve à g. l'entrée du Musée (*V*. ci-dessous); puis, dépassant le Théâtre, on arrive à la place *Saint-Etienne*, dont l'église, à dr., désaffectée, est convertie en Chambre et Bourse du Commerce.

(A dr. la rue *Chabot-Charny* mène à la place *Saint-Pierre*, dans la direction du Parc; *V*. page 89).

Continuant par la rue *Vaillant*, prolongement de la rue Rameau, on atteint l'église Saint-Michel.

Après la visite de cette église, revenir sur ses pas à la place *Rameau*, où, tournant à dr., on entrera à g. dans le Musée (ouvert au public les dimanches, jeudis et jours de fête, de midi 1/2 à 5 h., du 1er avril au 30 septembre, et de midi 1/2 à 4 h., du 1er octobre au 31 mars. Les étrangers peuvent visiter tous les jours, de 9 h. à 11 h. du matin, et de midi 1/2 à 5 h. en été, seulement jusqu'à 4 h. en hiver; le lundi, les portes ouvrent seulement à midi 1/2).

Le musée de Dijon (sonner si la porte est fermée), un des plus importants de province, contient une magnifique collection de tableaux, de sculptures et d'objets d'art. On y voit les fastueux tombeaux des ducs de Bourgogne et, à la suite des salles de sculpture, les curieuses cuisines ducales.

A la sortie du musée, tourner à g. sur la place *Rameau*, puis suivre, encore à g., la rue *Longepierre*, débouchant sur la petite place des *Ducs-de-Bourgogne*, ornée d'un square bien ombragé.

Immédiatement à g., sous l'arcade qui relie la place à l'une des cours de l'Hôtel de Ville, se trouve l'entrée du Musée archéologique (ouvert au public le dimanche, de 1 h. à 3 h.; tous les jours, pour les étrangers; pour visiter, s'adresser au concierge).

On traverse la place des Ducs-de-Bourgogne, et, ayant parcouru quelques m. dans la rue des *Forges*, on tourne à dr. sur la place *Notre-Dame*. A dr., l'une des tours de l'église Notre-Dame porte la célèbre horloge, dite Jacquemard, prise en 1383 à la ville de Courtray par Philippe le Hardi.

(De l'église Notre-Dame, on peut regagner l'hôtel, pour déjeuner, par la continuation de la rue des *Forges*, qui rejoint la rue de la *Liberté*).

A la sortie de Notre-Dame, prendre à dr. la rue *Notre-Dame*, qui contourne l'église, et, continuant par les rues *Jeannin* et *Paul-*

Cabet, on atteindra la place du *Trente-Octobre*, décorée du monument élevé à la mémoire des Dijonnais tués en 1870.

A g., le b^d *Thiers* relie la place du Trente-Octobre à la place de la *République*, où est érigé le monument Carnot. Continuant devant soi, on gagnera, par le b^d de la *Tremouille*, la place *Saint-Bernard*. De cette place, on se dirigera, par le b^d de *Brosses*, vers la place *Darcy*.

Traversant la place Darcy, entre la statue de Rude, à g., et le square du Château-d'Eau, à dr., on continuera vis-à-vis par le b^d de *Sévigné*. Au bas de ce b^d, laissant à dr. la rue *Guillaume-Tell* qui mène à la gare, on passera sous les ponts métalliques du ch. de fer, et l'on descendra, en face, à la promenade de l'Arquebuse, située en contre-bas, et réunie au jardin botanique. Ici, se trouvent les bâtiments du Musée d'histoire naturelle (ouvert au public les dimanches, jeudis et jours de fêtes, de 1 h. à 5 h., du 1er avril au 31 octobre, et seulement jusqu'à 4 h., du 1er novembre au 31 mars; tous les jours pour les étrangers, gratification, 50 c.).

De la promenade de l'Arquebuse, on peut aller visiter la Chartreuse de Champmol, aujourd'hui l'Asile des Aliénés, située près de l'octroi sur la r. de Paris, à g., à huit cents m. (*V.* page 90).

Sortant de la promenade de l'Arquebuse, on laisse à g. les ponts métalliques du ch. de fer et l'on suit à dr. la rue de l'*Arquebuse*. Celle-ci aboutit au pont sur l'Ouche qu'on franchit, à dr., pour passer devant l'Hôpital général et atteindre la place du *Ier mai*. Sur cette place, prendre à g. la rue du *Pont-des-Tanneries*; après une voûte du ch. de fer, suivre encore à g. la rue du *Petit-Citeaux*, puis tourner à dr. dans la rue du *Transvaal* qui conduit directement à la place *Saint-Pierre*.

C'est de la vaste place Saint-Pierre, au milieu de laquelle est un grand bassin avec jet d'eau, entouré d'une allée d'arbres, que part l'avenue, longue de dix-sept cents m., qui mène à dr. à la promenade du Parc (on peut se rendre à cette promenade par le tramway qui traverse toute la ville depuis la gare et qui passe à la place Saint-Pierre — L'entrée du parc, interdite aux automobilistes, est autorisée aux cyclistes, mais ceux-ci ne peuvent utiliser que la piste circulaire).

De la place Saint-Pierre on regagnera l'hôtel : soit, en suivant à g., dans toute sa longueur, la rue *Chabot-Charny* qui ramène devant le Théâtre, puis en continuant à g. par la place d'*Armes* et la rue de la *Liberté* qu'on connaît déjà, soit en prenant à g., près de la place Saint-Pierre, et au début de la rue Chabot-Charny, la rue *Saint-Pierre*. Celle-ci conduit à la place des *Cordeliers* qu'on traverse pour continuer par la rue *Charrue*, la petite place *Saint-Georges* et la rue *Piron*. Cette dernière aboutit à la place *Saint-Jean* où l'on tourne à dr. dans la rue *Bossuet*, pour retrouver la rue de la *Liberté*.

La ville de Dijon renferme un nombre considérable d'hôtels particuliers des XVIIe et XVIIIe s. Parmi ces demeures, on remarquera la Maison Milsand, 38, rue des *Forges*; l'Hôtel de Vogué, 8, rue *Notre-Dame*; la Maison des Cariatides, 28, rue *Chaudronnerie*; l'Hôtel de Mimeure, 12, rue *Vauban*; la Maison des Berbis, à l'angle de la place des *Ducs-de-Bourgogne*.

Pour mémoire. — De **Dijon** à **Beaune**, V., en sens inverse, page 110.

De **Dijon** aux **Laumes**, par Sombernon et Vitteaux, V. page 114.

DE DIJON A BLIGNY-SUR-OUCHE

Par Plombières, Le Pont-de-Pany, Sainte-Marie-sur-Ouche, Gissey-sur-Ouche, Saint-Victor-sur-Ouche, La Forge, Le Pont-d'Ouche, Thorey et Oucherotte.

Distance : **46** kil. **500** m. *Côtes :* **1** h. **6** min.
Pavé : **11** min.

Nota. — Cette route remonte la vallée de l'Ouche, une des plus intéressantes de la Bourgogne.

Du Pont-de-Pany au Pont-d'Ouche, la circulation cycliste est tolérée sur le chemin de halage de la rive g. du canal de Bourgogne, latéral à la route. Pour utiliser ce même chemin, qui évite les côtes de la route, les automobilistes doivent demander une autorisation spéciale à l'ingénieur en chef du canal.

Au départ de l'hôtel de la *Galère et des Négociants*, suivre à dr. la rue de la *Liberté* (Pavé : 4') et, parvenu place *Darcy*, descendre la troisième rue à g., le b^{d} de Sévigné. Au bas, passer sous les ponts métalliques du ch. de fer puis, devant la promenade de l'Arquebuse (**0.7**), tourner de suite à dr. sur la r. de Paris (Pavé : 4'). On longe la ligne du ch. de fer et, après une montée, on atteint la grille de l'*octroi*, à dr. du portail ogival de l'Asile des Aliénés, autrefois la *Chartreuse de Champmol* (**0.8**).

La **chartreuse de Champmol** fut fondée, en 1383, par le duc Philippe le Hardi, qui voulait y établir sa sépulture et celle de ses descendants. Des anciens bâtiments conventuels, il ne subsiste presque rien; mais on y voit encore le fameux *puits de Moïse*, chef-d'œuvre de sculpture, placé jadis au centre du Grand-Cloître; une *tour isolée* octogonale, sur l'emplacement de laquelle on a retrouvé les tombeaux des ducs qui sont au Musée de Dijon; le *portail de la chapelle* primitive, ajusté au portail de la chapelle actuelle.

(Pour visiter, s'adresser au concierge; gratification, 50 c.).

La r. descend entre des murs, puis vient border l'*Ouche*, au pied de falaises granitiques, que la ligne parallèle du ch. de fer traverse sous des tunnels. On remonte la rive g. de la vallée; légère rampe.

Dans le village de Plombières (**1.2**. — Pavé: 1'), on tourne à g. pour franchir la rivière, la *ligne d'Epinac à Dijon* et le *canal de Bourgogne* (V. page 90).

La r., à présent sur la rive dr. de la vallée, débute unie; elle passe au bas de collines boisées et côtoie le canal. A dr., sur la rive opposée, remarquer les beaux viaducs de la *ligne de Paris à Dijon*. Après une première côte (6'), le paysage, montagneux, devient très pittoresque; descente au hameau de La Cude (**5.6**), voisin du village de Velars-sur-Ouche. On passe au pied des contreforts du *Plan de Suzon*, que couronne une statue colossale de N.-D. de l'Etang, à g.

Deux nouvelles côtes se succèdent (4' et 6'); à g., une chaîne de hautes croupes boisées donnent à la contrée un caractère sévère; tandis qu'à dr. se dressent de véritables montagnes. Descente, puis côte (3'); on coupe (**1.3**) le ch. de Fleurey-sur-Ouche (0.5), à dr., au *château de Montculot* (4 — V. ci-dessous), à g.; ensuite, quelques ondulations, qu'une montée partage (2'), mènent au hameau du **Pont-de-Pany** (**3.5** — Pavé: 2' — Hôt. de la *Gare*), très fréquenté le dimanche par les Dijonnais. Ici, laissant à g. le ch. d'Urey (6.4), on franchit le canal de Bourgogne.

Le ch. d'Urey conduit au **château de Montculot** (**4.9** — Côte: 45'), situé dans la montagne, sur l'un des plateaux les plus élevés de la Bourgogne, au milieu d'une région très sauvage.

Du château, qui fut l'une des résidences de Lamartine, il ne reste plus qu'un bâtiment banal, converti en ferme. La grandeur du paysage environnant inspira, dit-on, l'illustre poète dans la composition de quelques-unes de ses Méditations.

La r. traverse l'Ouche et monte (2') dans Pont-de-Pany, laissant à dr. (**0.1**) le ch. de Mâlain.

Le ch. de Mâlain monte presque continuellement (25') jusqu'au gros village de ce nom (**3** — Hôt. de la *Poste*), sur la rive dr. du ruisseau de *Montigny*, affluent de l'Ouche, dans une situation pittoresque au pied d'un monticule escarpé, portant les belles et intéressantes ruines du **château de Mâlain** (**1.3**).

Deux cents m. plus haut, abandonnant (**0.2**) la r. de Paris, prendre à g. le **chemin de Sainte-Marie-sur-Ouche.** Celui-ci s'élève (3'), puis descend vers le village de Sainte-Marie-sur-Ouche (**1.1**), en contournant le large bassin que forme ici la vallée.

On remonte en rampe assez douce (Côtes : 3' et 5') la rive g. de l'*Ouche* dont les eaux viennent un moment affleurer la r.

Après Gissey-sur-Ouche (**1.1**), la vallée devient étroite et profonde; d'épaisses forêts estompent les pentes des montagnes, d'où émergent çà et là, de grandes roches déchiquetées. On passe au bas de Barbirey-sur-Ouche, village au débouché du vallon de la *Gironde*, ruisseau franchi près de l'embranchement du ch. (**2**) de Sombernon (10.3), à dr., puis de celui de Saint-Jean-du-Bœuf (4.3), à g. Plus loin, remarquer à dr. (**1.2**) les ruines, envahies par les broussailles, du *château de Marigny*, jadis le siège d'une des quatre grandes baronnies de Bourgogne.

La r., dépassant Saint-Victor-sur-Ouche (**1.2**), longe le *bois du Volti*. Vis-à-vis d'une tuilerie (**2.3**) s'ouvre à dr. un étroit vallon où se cache le village de Labussière dont l'église, située à trois cents m. de la r., dépendait autrefois d'un ancien monastère cistercien; elle renferme d'intéressantes tombes. On franchit la rivière et le canal pour monter (10') au hameau de La Forge (**0.5**), dans un joli paysage; traversée de la *ligne d'Epinac à Dijon*.

La r. ondule à flanc de colline (Côte : 3') et domine le cours du canal, à dr., au pied d'une paroi de rochers, tandis que le site se dégage entre des monts déboisés, dont les penchants ne présentent plus qu'un sol ingrat; à g., s'éloigne (**3.1**) le ch. d'Antheuil (3.4) à travers une morne vallée.

Retraversant la ligne, on gagne Veuvey-sur-Ouche (**0.1**) où la r. vient en bordure du canal ; la vallée, très élargie, triste, décrit une grande courbe. Plus loin, au hameau du Pont-d'Ouche (**3.1**), le canal quitte la vallée de l'Ouche pour suivre à dr. la vallée de la *Vandenesse* vers laquelle se dirige également le ch. de Crugey.

Le ch. de Crugey, parallèle au canal de Bourgogne, remonte la rive dr. du vallon de la *Vandenesse* et passe à Crugey (**3.2**) ; on franchit le ruisseau de *Chaudenay*, laissant à g. (**0.2**) le ch. de Chaudenay-le-Château (2.2 — Château), qui gravit la butte boisée du *Montaret*.

Plus loin, au hameau du Pont-de-Bois (**2.6**), on quitte le ch. de Vandenesse (3.3) et, traversant à dr. le canal et la rivière, on monte (15') à **Châteauneuf** (**2.** Dans ce village, subsistent les ruines importantes d'un château féodal, encore en partie habité, et plusieurs maisons anciennes.

La r. de Bligny continue à remonter la vallée de l'Ouche ; légère rampe (1'), puis côte (2'), après le passage à niveau. D'arides landes couvrent à présent le flanc des collines ; tandis qu'à g. le village de Thorey (**2.1**), étagé sur un monticule, fait face à un autre mamelon, situé sur la rive opposée, portant l'église.

La montée s'accentue (9') à travers le vallon resserré et plus aride. On passe au hameau d'Oucherotte (**3.6**), au pied de trois buttes dénudées, puis la rampe se prolonge (Côtes : 2' et 2'), au milieu d'une âpre région, jusqu'à l'entrée de **Bligny-sur-Ouche** (Ch.-l. de c. — 1.084 hab.). Dans ce village, s'arrêter à l'hôtel du *Cheval-Blanc*, situé un peu avant la place (**1.8**).

Excursion recommandée au départ de Bligny-sur-Ouche. — A la colonne romaine de Cussy (**18** kil., aller et retour. — Côtes : 1 h. 9').

Itinéraire : Dans Bligny, monter la place de l'*Hôtel-de-Ville* et, passant à dr. de ce bâtiment, suivre la r. de Beaune, bordée par la ligne du tramway à vapeur. On remonte (6' et 3') la vallée de l'Ouche, étroite et verdoyante, jusqu'à Lusigny (**1.8**). Ici, abandonnant la r. de Beaune (*V.* page 94), on prend à dr. le ch. de Montceau, qui traverse le village et la rivière. De l'autre côté du pont, tourner à g. ; longue côte (28'), en corniche, dominant les prairies où l'Ouche prend sa source. On s'éloigne de cette vallée pour gagner un haut plateau, couvert de maigres pâturages jusqu'à Monteeau (**4**), village précédé d'une nouvelle côte (6').

On laisse à g. un moulin et un tertre, portant une statue de Jésus, puis l'on s'élève (3' et 3') sur le plateau incliné d'une vaste plaine, bossuée de prairies et de pâturages, d'où l'on découvre, vers l'ouest, un large horizon, que limitent les montagnes du Morvan.

Parvenu à hauteur de la *borne 5.9*, on peut déjà apercevoir à dr., en contre-bas, la *colonne romaine*, qui se dresse au milieu des champs. Après avoir franchi la *ligne d'Épinac à Dijon*, on continuera la r. jusqu'à l'entrée du village de Cussy-la-Colonne (**2.5**).

Ici, laisser en garde sa machine et suivre à pied (15') le ch. qui descend à dr. Deux cents m. plus loin, on néglige un autre ch. qui se détache à g. et l'on se dirige tout droit, entre des haies, pour arriver, après une courbe, au petit fond où s'élève la *colonne de Cussy* (**0.7**).

Ce curieux monument, haut de 10 m., érigé par les Romains, sans doute à la suite d'une victoire, n'a pas son pareil en France. Il est entouré d'une grille et dans un bon état de conservation.

Retour à Bligny-sur-Ouche par le même itinéraire qu'à l'aller (**9** — Côtes : 5', 5', 3', 5' et 2').

Pour mémoire. — De **Bligny-sur-Ouche** à **Beaune**, par Lusigny (**1.8**), La Balance (**5.5**), La Bache (**1.0**), Bouze (**2.0**) et Beaune (**6.3** — *V.* page 108).

De Bligny-sur-Ouche à Lusigny, *V.* page 93.

La r. de Beaune, infléchissant vers l'ouest, laisse à dr. un ch. qui conduit à un ermitage et à la jolie source de l'*Ouche*, celle-ci située à un kil. et demi de la r.

Longue côte de quatre kil.; on s'élève à travers les *bois des Plaines*, de *Tavannes* et de la *Gagère*, dont les roches et les pins entremêlés forment un ensemble très pittoresque. Ayant atteint le petit plateau de La Balance, on dépasse, à g., la *fontaine de Trie*, et le village de Bessey-en-Chaume, ce dernier au faîte d'une éminence. Descente rapide vers le bassin de la *Saône*; ravissante vue à dr. sur le beau vallon de Nantoux, tandis que l'horizon s'étend immense vers l'est.

Au-dessous de l'auberge de La Bâche, la r. parcourt un second plateau mamelonné, d'aspect triste et sévère, puis descend à Bouze. Après ce village, on s'engage dans une combe sans eau pour traverser un court défilé rocheux. A sa sortie, de grands vignobles, plantés en terrasse, couvrent à g. les versants des monts *Battois* et du *signal de Beaune*; à dr., on domine le ravin.

On entre dans Beaune par le f^{g} de Bouze, aboutissant sur le b^{d} *Bretonnière*; suivre ce b^{d}, à dr., pour gagner l'hôtel de la *Poste*.

DE BLIGNY-SUR-OUCHE A SAULIEU

2 ITINÉRAIRES

Itinéraire A. — **Par Veilly, Antigny-le-Château, Foissy, Sasoge, Civry, Arnay-le-Duc, Jouey, Pochey, Chelsey, Le Maupas, Vouvres, Thoisy-la-Berchère et Collonges.**

Distance : **17** kil. **800** m. *Côtes :* **2** h. **38** min.
Pavé : **6** min.

Nota. — Route assez monotone, suivie par la ligne du tramway à vapeur départemental de Beaune à Saulieu; nombreuses côtes. Dans le cas où l'on prendrait le tramway, descendre à la station de Sussey-Le-Maupas, pour se rendre ensuite en machine au château de Thoisy-la-Berchère.

Quittant l'hôtel du *Cheval-Blanc*, tourner à g., puis aussitôt, à dr., sur la place de l'*Hôtel-de-Ville* pour suivre la r. d'Arnay-le-Duc; on franchit l'*Ouche*.

Après une côte (2'), on laisse à g. (**0.8**) le ch. de Nolay (22.9) avant de croiser la *ligne d'Epinac à Dijon;* deux côtes (5' et 3'). A dr., se détache (**1.7**) la **route de Pouilly-en-Auxois** (18.2).

La r. d'Arnay ondule fortement à travers une région variée, découverte, formant la grande plaine mouvementée qui s'étend entre les *monts de la Côte-d'Or* et ceux du *Morvan*. On franchit le ruisseau d'*Eclin*, laissant successivement à dr. Auxant (série de montées : 10', 2', 3' et 2') et Veilly (**3.5**).

On s'élève toujours (Côtes : 5', 6' et 2') jusqu'aux villages d'Antigny-le-Château (**2.3**) et de Foissy (**0.1**), où la r. atteint (Côtes : 4', 1' et 1') le point culminant du parcours (Alt. : 458 m.), au milieu d'une plaine banale.

A la descente vers la vallée de l'*Arroux*, on découvre une vaste étendue de pays, limitée à l'horizon par la chaîne des montagnes du Morvan. La pente s'accentue dans la traversée du hameau de Sasoge (**2.7**); puis, en terrain plat, on passe à Civry (**1.6**), où sont deux jolies propriétés particulières, avant de s'embrancher (**1**) sur la r. de Chagny.

Descente très rapide ; successivement on coupe la ligne du tramway de *Bligny à Saulieu* et celle du ch. de fer d'*Epinac aux Laumes*. De l'autre côté du passage à niveau, suivre la r. à dr. ; une montée (2').

On contourne le mur d'un parc, ainsi que la promenade ombragée de l'*Arquebuse*, pour rejoindre (**1.1**) la r. d'Autun, par Voudenay et Cordesse, à l'entrée de la petite ville d'**Arnay-le-Duc** (Ch.-l. de c. — 2.614 hab. — Hôt. de la *Poste* — A voir : l'église; la tour, seul vestige de l'ancien château).

Continuant devant soi, on néglige à g. la rue de *Dijon*, et, à dr., le ch. de Longecourt (5.7), pour descendre la rue *Saulnier* (Pavé : 6').

Plus bas, dans la rue *Saint-Jacques*, se trouve situé à dr., après le pont sur l'Arroux, l'hôtel de la *Poste* où l'on pourra s'arrêter pour déjeuner (**0.6**).

A l'extrémité de la rue Saint-Jacques, laissant à dr. (**0.2**) la r. de Sombernon (30), on gravit à g. la rue de *Paris* (2'), début de la r. de Saulieu. Celle-ci descend pendant deux kil. la rive dr. de la vallée de l'Arroux, entre deux coteaux couverts de cultures; puis on remonte, vers le nord, le vallon boisé d'un affluent de l'Arroux (Côtes : 3' et 2').

Après le village de Jouey (**4.5** — Montée : 2'), la r. longe la lisière de la *forêt de Buan* ; trois raidillons (3'). Elle s'élève ensuite par une forte côte (16') pour gagner une ligne de faite où se montre à dr. le hameau de Pochey (**2.8**). On descend ensuite le versant d'une vaste plaine, très découverte, peuplée de nombreux villages et hameaux.

On franchit le ruisseau du *Buze*; légère rampe (6') précédant les gros hameaux de Chelsey (**5.4** — Côte : 4') et du Maupas (Côte : 2').

Aux dernières maisons du Maupas (**2.3**), quitter la r. directe de Saulieu (12.8) et gravir à dr. le ch. de Thoisy-la-Berchère.

Celui-ci monte (7') à Vouvres (**1.5**); puis, agréable, entre des haies, descend doucement une assez large coulée de prairies où prend naissance un sous-affluent du *Serein*. Après un taillis et un raidillon (4'), on entrevoit, vis-à-vis, à la descente, le *château de Thoisy-la-*

Berchère dont les tourelles émergent d'un bouquet d'arbres.

Au delà du hameau du Chaume-Roblot (**3.2**), le ch. passe au-dessous du parc du château et pénètre dans le bas du village de Thoisy-la-Berchère (**1.1**), situé sur la limite de la Bourgogne et du Morvan.

Ici, au carrefour de rues, vis-à-vis la *borne 0.8*, quitter le ch. et gravir à g. la ruelle escarpée (5') qui aboutit, au-dessous de l'église (**0.3**), à la r. de Saulieu à Pouilly-en-Auxois. Tourner à g. sur cette r. et, quelques m. plus loin, déposer sa machine en garde à l'hôtel-auberge du *Commerce*, à dr., pour aller visiter le château.

En face de l'hôtel du *Commerce*, une ruelle, à g., mène à l'entrée du parc du château (Visible tous les jours, excepté le dimanche matin, de 8 à 10 h. du matin, et de 2 h. à la nuit; s'adresser au concierge et faire passer sa carte ; gratification. Durée de la visite : 30').

Le château de Thoisy-la-Berchère date de la féodalité. Vendu aux évêques d'Autun par le sire de Thoisy qui se rendait à la croisade, il passa, plus tard, entre les mains de Hyacinthe de Gondi, marquise de Cypierre, puis dans la famille de Montboissier, à laquelle il appartient aujourd'hui.

L'intérieur, luxueusement meublé, renferme une belle collection de tableaux, de meubles anciens et d'objets d'art. On y voit la chambre qu'habita Henri IV et, dans la galerie principale, les fameuses et superbes tapisseries, dites de « l'Oiseau », qui décoraient la tente de Charles le Téméraire au siège de Nancy, en 1477, prises par René II, duc de Lorraine.

La r. décrit une courbe dans le village, puis monte longuement à deux reprises (20' et 10'). Elle atteint une petite plaine et côtoie l'*étang de Chenomenne* (**2.3**). On entre ensuite dans les beaux *bois du Crot* et des *Grandes-Bruyères*, parcourus sur une longueur de quatre kil.; agréable descente pour rejoindre (**3.1**) la r. directe de Bligny-sur-Ouche à Saulieu, par Arnay-le-Duc.

Tournant à dr. sur cette r., bientôt on traverse le pittoresque vallon du *Baigne*. De l'autre côté de ce ruisseau (**0.9**), la montée reprend (13'), en bordure du *bois de la Vesvre*, à g. Du faîte de la côte, la ville de Saulieu apparaît au loin.

Après une courte descente dans une dépression de prairies, la r. s'élève encore (Côtes : 2', 4' et 8'), passe au hameau de Collonges (2.7), puis franchit la ligne du tramway et celle du ch. de fer d'*Autun à Avallon*.

On entre dans **Saulieu** par la rue *Grillot* qui aboutit à la rue de la *Foire*, à l'angle de l'hôtel de la *Poste* (1.2).

Nota. — Pour la visite de la ville de Saulieu, V. page 37.

Itinéraire B. — Par Pâquier, Sainte-Sabine, Pouilly-en-Auxois, Chailly, Sausseau, Melin et Thoisy-la-Berchère.

Distance : **52** kil. **600** m. *Côtes :* **3** h. **25** min.

Nota. — Cette route, plus intéressante que celle de l'itinéraire A., allonge de quatre kil. huit cents m. Elle présente de nombreuses côtes ; la plus longue, à la sortie de Chailly, mesure trois kil. et demi.

De Bligny-sur-Ouche à la route de Pouilly-en-Auxois (**2.5** — Côtes : 10'), V. même r., itin. A., page 95.

Laissant à g. la r. d'Arnay-le-Duc, on remonte le vallon d'*Eclin* (Côtes : 5', 2', 7', 4' et 5'), à travers une contrée insignifiante ; à g., à mi-plaine, se montre le village d'Auxant.

Au hameau de Pâquier (**4.1**), on néglige à dr. un ch. médiocre qui conduit au village de Chaudenay-le-Château (5 — Ancien château), puis l'on monte durement (8'), dominant à dr. le vallon de Chaudenay.

La r. effleure la pointe du *bois Guyot* qui tapisse une butte isolée, à dr., ensuite descend doucement vers le bassin de la vallée de la *Vandenesse*, environné de hautes collines de culture tapissées de forêts par places ; un raidillon (1'). A g., se détache (**3.6**) le ch. d'Arnay-le-Duc (11.8), à l'angle de l'*étang Flagey*, contigu au *réservoir de Chazilly* qui alimente le *canal de Bourgogne*.

Dans le village de Sainte-Sabine (**1.8** — Église précédée d'un beau porche), négligeant à dr. le ch. de Châteauneuf (4 — *V.* page 93), on descend rapidement pour traverser l'étroit vallon où passe la rigole de communication du réservoir de Chazilly (*V.* page 98).

La r. s'élève (10') sur le versant d'une large plaine d'où la vue est très belle, à dr., vers le mont qui porte l'ancienne forteresse de Châteauneuf, flanquée de tours imposantes, et, au delà, vers le fond de la vallée de la Vandenesse, dans la direction de Sombernon ; une côte (3'). On franchit un ruisseau venant du *réservoir de Rouvre-sous-Meilly* (descente et montée : 4'), puis l'on croise (**3.3**) la r. d'Arnay-le-Duc (13.9) à Sombernon (14.6).

La r. de Sombernon, à dr., mène au village de Vandenesse (**1.5**) où elle franchit le canal de Bourgogne ; ensuite, remontant la vallée de la Vandenesse, passe au bas de la *butte de Romont* et dans le voisinage du grand *réservoir de Panthier*, situé à g., entre les hameaux des Bordes (**2**) et de la Solle (**2**). Plus loin, elle atteint le village de Commarin (**1.5**), où l'on peut visiter le beau **château de Commarin** (*V.* page 115).

La r. continue très ondulée, plutôt montante (Côtes : 2', 4', 4', 2' et 2'); elle traverse un taillis et, laissant à g. le village de Maconge, puis le *bois Revel*, atteint, entre des buttes et des mamelons, la ligne de partage des eaux des bassins de la *Seine* et du *Rhône* (Alt. : 418 m.).

Un ch. de Beaune (41), à dr., vient rejoindre (**5.1**) la r. qui descend vers **Pouilly-en-Auxois** (**0.8** — Ch.-l. de c. — 1.120 hab. — Hôt. de la *Poste*), bourg dominé, à l'est, par le *mont de Pouilly*, et, à l'ouest, par la *butte Saint-Pierre*, (très belle vue du sommet de ces deux hauteurs).

A l'entrée de Pouilly, on croise une allée d'arbres jalonnant, au-dessus du sol, la partie souterraine, longue de 3.333 m., du canal de Bourgogne, dont l'issue se trouve à l'extrémité du bourg.

Dans Pouilly, à la petite place triangulaire, plantée de marronniers, devant l'hôtel de la *Poste*, négligeant à g. le ch. de Thoisy-le-Désert (3.3) et d'Allerey (13.6), on continuera tout droit pour passer devant l'église et l'hospice. Plus loin, abandonner (**1.1**) la direction de Semur (30.9), par Saint-Thibault (13), et suivre à g., la r. de Saulieu.

Celle-ci coupe la *ligne d'Epinac aux Laumes*; puis, longeant le canal, traverse la vallée-plaine de l'*Armançon* (Montées : 1', 1' et 2'). On s'élève doucement vers Chailly (Côtes : 2' et 4'), où l'on franchit la rigole du *réservoir de Cercey*.

Dans Chailly (**5.2** — Château à tourelles), la r. infléchit vers le sud, puis remonte un vallon déboisé, pendant trois kil. et demi (50'). A l'extrémité du vallon, se blottit le hameau de Sausseau (**3**) ; au-dessus, la r. tourne à angle aigu pour gagner un plateau de culture, très élevé, large d'un kil.

On descend ensuite pendant trois kil., dont deux très rapides, vers le gros hameau de Melin (**5.5**), dans la large vallée-plaine du *Serein*, où croise (**1.3**) la r. d'Arnay-le-Duc (19.8) à Précy-sur-Thil (15); à dr., le village de Mont-Saint-Jean domine le paysage.

On peut se rendre à **Mont-Saint-Jean (3.5)**, qui a conservé plusieurs anciennes maisons du XIVe et XVe s., ainsi que les restes importants d'un château fort, par la r. de Précy-sur-Thil, à dr.

Après le pont du Serein, légère montée sur un renflement du sol; puis, au delà d'un ruisseau, la rampe s'accentue (3' et 15'). Dépassé (**3.5**), le ch. d'Arnay-le-Duc (22.3), à g., on atteint le village de Thoisy-la-Berchère, à hauteur de l'hôtel-auberge du *Commerce* (**1**).

De Thoisy-la-Berchère à **Saulieu** (**10.5** — Côtes : 57'), *V.* même R., itin. A, page 97.

DE SAULIEU A AUTUN

Par Alligny-en-Morvan, Palaizot, Chissey-en-Morvan, Lucenay-l'Evêque, Sommant et La Croix-Jean-Naudin.

Distance : **16** kil. **800** m. *Côtes :* **58** min.
Pavé : **10** min.

Nota. — Cet itinéraire, l'un des plus pittoresques du Morvan, descend la jolie vallée du Ternin, depuis sa source jusqu'à Autun. Il est préférable à la route nationale passant par Pierre-Ecrite, entre Saulieu et Chissey-en-Morvan, et par Reclesne, entre Lucenay-l'Evêque et Autun. La différence de longueur est insignifiante.

Devant l'hôtel de la *Poste*, monter la rue de la *Foire* (Pavé : 7'), puis tourner à g. sur la place des *Terreaux* prolongée par la rue *Saint-Saturnin*.

A l'extrémité de cette rue, gravir la r. à dr. (Côte : 11'), qui longe le cimetière de l'église Saint-Saturnin, à g. ; vue intéressante de Saulieu, à dr.

Parvenu au *calvaire* (**1.1**), situé vis-à-vis l'entrée de la rue *Saint-Félix*, à dr., on néglige la première r. à g. (r. nationale, par Pierre-Ecrite, *V.* ci-dessus), pour suivre la seconde, contiguë, dans la direction d'Alligny.

Cette r. s'élève (6') sur la pente d'un mamelon couvert de prairies, puis descend, en vue de la belle chaîne des monts du Morvan.

On laisse à dr. (**1.5**) le ch. de Saint-Léger-de-Fourche (2.3); de ce côté, dans un creux, s'étale le petit *étang Bordot* que la rivière du *Ternin* traverse à cinq cents m. en aval de sa source.

Descente assez rapide pour franchir le ruisseau et suivre ensuite la rive dr. de la délicieuse et verdoyante vallée, dont les sites variés sont très pittoresques. Légère rampe et deux montées (2' et 1'); on entre dans le dép^{t} de la Nièvre (**3.2**).

Après un joli tournant, les hameaux se succèdent, disséminés çà et là, parmi les bois et les prairies, ou étagés sur le flanc des collines, au milieu de bouquets d'arbres; à dr., se détache (**1.5**) le ch. de Fétigny (0.8). On croise la petite ligne du tramway de *Saulieu à Corbigny*; deux montées (3' et 2').

Une courte descente, très rapide, mène au village d'Alligny-en-Morvan (**1.8** — bonne aub. *Cordet* — Château) dans un plus large bassin.

Aux dernières maisons de la localité, laissant à dr. le ch. de Gouloux (12 — *V.* page 38), on gravit une côte (6') pour descendre ensuite vers le petit *étang de Jarle* (**0.8**) qu'encadrent de charmantes hauteurs; ici, suivre à g. la r. d'Autun.

Celle-ci, négligeant à g. (**1**) le ch. de Marnay (1), passe sur la rive g. du Ternin et pénètre dans un ravissant défilé, d'un caractère tout alpestre, bordé d'une étroite bande de prés. On franchit de nouveau le Ternin (Montée: 1'); à dr., s'éloigne (**2.7**) le ch. des Settons (13 — *V.* page 40), par Moux (2.7).

Au hameau de Goix (**0.6**), on repasse sur la rive g. La rivière baigne de gracieux îlots et vient affleurer la r. au pied d'escarpements rocheux. A dr., s'éloigne le ch. de Menessaire (1.5), sur la limite du dép[t] de Saône-et-Loire (**1.2**). On longe un tapis de prairies, au milieu de la vallée élargie, puis l'on rejoint (**1.7**) la r. nationale de Saulieu (18) à Autun (23).

Après le hameau de Buis (**0.8**), les collines se dénudent. La r. monte un moment (3'); ensuite, par une descente courbe, très rapide, gagne le village de Chissey-en-Morvan (**2.2** — Vieux château converti en ferme). On néglige à g. le ch. de la gare de Liernais (13.5); le paysage est moins riant.

On traverse le hameau de Souvert (**2**); deux montées (2' et 1'). Dépassant à dr. (**1.8**) le ch. d'Arleuf (25), par Anost (16), on atteint le gros village sans intérêt de **Lucenay-l'Evêque** (**0.8** — Ch.-l. de c. — 1.041 hab. — Aub. *Vieillard*).

Un kil. au delà de Lucenay, on abandonne (**1**) la r. nationale d'Autun (15), par Reclesne (5), moins intéressante, pour s'engager à dr. sur le ch. de Sommant qui continue à descendre la vallée du Ternin.

Celle-ci se resserre un moment, dominée sur les deux rives par de hauts versants boisés, puis s'élargit peu à pe... On monte (6') vers Sommant (4) dont l'église dresse son clocher au faîte du village, à dr.

Descente vers le débouché de la vallée du Ternin, qui se confond bientôt avec la large vallée-plaine de l'*Arroux*; belle vue des montagnes de l'Autunois bornant l'horizon.

Le ch., à présent entre des haies, serpente capricieusement. Il passe au-dessous d'une maison de campagne, à la façade revêtue de lierre, à dr., et longe, à g., de gras pâturages parsemés de châtaigniers. Après le croisement (**1.9**) du ch. de la Selle-en-Morvan (4) à la gare de Dracy (12), on côtoie la clôture du petit parc de Lovernay (**0.6**); puis, s'élevant sous bois (Côtes : 3' et 3'), on rejoint la r. de Château-Chinon à Autun, au hameau de La Croix-Jean-Naudin (**1**).

Du hameau de La Croix-Jean-Naudin à **Autun** (**7.6** — Côtes : 8' — Pavé : 3'), *V.* page 47.

D'AUTUN A NOLAY

Par Creusefond, La Drée et Changey.

Distance : **28** kil. **200** m. *Côtes* : **1** h. **35** min.
Pavé : **7** min.

Nota. — Sur cette route, très accidentée et très dure, qui traverse la chaîne de la Côte-d'Or, il n'existe aucune auberge convenable entre Autun et Nolay. On devra donc s'arranger pour arriver à Nolay, soit pour déjeuner, soit pour dîner. Dans le premier cas, on pourra utiliser l'après-midi, à Nolay, en allant visiter les sources de la Cusanne (*V.* page 105).

Vis-à-vis l'hôtel *Saint-Louis et de la Poste*, suivre la rue de l'*Arquebuse*, la deuxième à dr. (Pavé : 4'), qui conduit à la place des *Marbres*, devant la promenade de ce nom. Ici, tourner à dr., et, étant passé derrière la statue du chef gaulois Divitiac, continuer à g. la r., en bordure de la promenade, laissant à dr. le parc de l'*école de Cavalerie*; descente au hameau du Pont-Lévêque (**1**).

La r., en remblai, domine à dr. un petit cirque de prairies qu'entourent les montagnes boisées d'où descend le ruisseau d'*Auxy*. Celui-ci franchi, près de son confluent avec le ruisseau de *Drousson*, on monte (2') à la **bifurcation (0.5) de la route de Châlon-sur-Saône** (50) et du Creusot (*V.* page 52), laissée à dr.

Celle de Beaune touche au hameau de Saint-Pierre (**1**), puis, infléchissant vers l'est, s'élève graduellement, entre des pâturages et des champs, par de nombreux raidillons (2', 2', 2' et 2') auxquels succèdent deux côtes plus longues (4' et 5').

A hauteur du hameau de Drousson, à dr., s'écarte à g. (**3.1**) le ch. de Saint-Forgeot (12). Une grande montée (15') fait atteindre l'extrémité du vallon et le hameau de La Croix-des-Châtaigniers (**2.7**); beau point de vue.

Descente rapide au hameau de Creusefond (**1.9**), où l'on traverse le ruisseau du même nom; ensuite côte très dure (11') pour escalader un promontoire intermédiaire. On descend vers la vallée de la *Drée* en rencontrant encore une série d'ondulations accentuées (Côtes : 4', 3', 1' et 2').

La r. s'aplanit un moment après Veuvrotte (**1**). A g., dans la plaine, on aperçoit la petite ville d'Epinac, dominée par son château; du même côté, s'éloigne (**1.7**) le ch. de Sully (4) et de Lucenay-l'Evêque (25).

Le **château de Sully**, un des buts d'excursion des environs d'Autun, existait déjà au XIVe s. Reconstruit au XVIe s., il passa successivement entre les mains des de Montagu, de Rabutin, de Saulx-Tavannes et de Morey, avant d'appartenir actuellement à la famille des de Mac-Mahon.

L'intérieur du château, qu'on peut visiter, renferme de magnifiques appartements, une salle des gardes et un escalier richement décorés. La cour d'honneur et les écuries du château de Sully sont remarquables par leur vaste étendue.

Au hameau de La Drée (**0.3**), ayant franchi la rivière du même nom, on croise le ch. de Fretoy (5) à Epinac (2).

Epinac (Ch.-l. de c. — 4.145 hab. — Hôt. des *Mines*) est situé dans le voisinage de mines de houille importantes.

Au milieu des concessions, le *puits Hottinguer*, qui descend à douze cents m., est la plus profonde excavation houillière qui existe.

Epinac possède aussi une grande verrerie. Le *château*, dont il ne subsiste plus que deux tours et un corps de logis banal, est sans intérêt.

Dépassé La Drée, une longue rampe, en partie dure (10'), entre deux mamelons, est suivie d'une agréable descente pour franchir la *Miette* affluent de la *Drée*.

On remonte le frais vallon de la Miette, pendant un kil. (Côte: 3'); puis, s'en écartant, il faut escalader par une côte de deux kil. (25') la montagne qui sépare le bassin de la *Loire* de celui du *Rhône*; vue étendue.

Sur le plateau, où les vignes commencent à apparaître, on rencontre le hameau de Changey (**6.2**), à l'embranchement du ch. de Paris-l'Hôpital (8.5); petite montée (2').

Magnifique descente de quatre kil. vers la vallée de la *Cusanne*; on traverse deux fois la ligne du ch. de fer: à un passage à niveau, puis sous un pont Ici, quittant le dépᵗ de Saône-et-Loire, on pénètre dans celui de la Côte-d'Or (**2.8**).

De l'autre côté du pont, la r. descend très rapidement un étroit. défilé, pittoresque, mais de courte durée, pour passer près du beau viaduc du ch. de fer, à g. Le paysage change complètement d'aspect; de hautes montagnes déboisées, d'où émergent au sommet de grandes murailles rocheuses, tandis que les pentes inférieures sont plantées uniquement de vignobles, forment un vaste cirque autour de **Nolay** (Ch.-l. de c. — 2.302 hab. — Vins blancs renommés — A voir : l'église, les statues de Lazare Carnot et de Sadi-Carnot, les monuments élevés à la mémoire des soldats tués en 1870 et à la République).

Entrant dans le bourg par la place de l'*Hôtel-de-Ville*, on suivra à g. la rue de la *République* (Pavé : 3'). Au milieu de cette rue se trouve situé à g. l'hôtel *Sainte-Marie* (**2.7**).

Excursion recommandée au départ de Nolay. — Les **sources de la Cusanne** (**9** kil. **100** m, aller et retour). La promenade, entière à pied, demande 2 h. 1/2. On peut aller en machine jusqu'à Vauchignon.

Itinéraire : Au delà de l'hôtel *Sainte-Marie*, on suit la rue de la

République (Pavé : 1') jusqu'en face du café du *Commerce*. Ici, prendre à g. la rue *Saint-Pierre* qui passe devant une très ancienne chapelle. A l'extrémité de la rue, le ch. remonte le vallon resserré de la *Cusanne* que franchit un superbe viaduc courbe du ch. de fer.

Successivement on rencontre les hameaux de Cormot-le-Grand (**1.5** — Côte : 3'), de Cormot-le-Petit (**0.5** — Côte : 6') et de Vauchignon (**0.8** — Côte : 5'), au bas de roches taillées à pic et encadrées de verdure.

Dépassé Vauchignon, il faut, à la première bifurcation (**0.2**), suivre le ch. à g. qui devient rocailleux. Il traverse le ruisseau et, à la bifurcation suivante, continue escarpé à dr. jusqu'au fond du vallon. Celui-ci est terminé par une longue paroi rocheuse au pied de laquelle la Cusanne se divise en deux branches ayant chacune sa source.

Près de là, de l'autre côté d'un petit gué, on se trouve vis-à-vis l'entrée d'un pâturage; y pénétrer (**1**), et, inclinant à g., on trouve bientôt le sentier menant à la source de la *Tournée* qui sort de la roche par une large fissure (**0.3**.)

Pour se rendre à la seconde source de la Cusanne, il faut longer intérieurement le pâturage, à dr. On atteint ainsi le *cul de Mennevault*, ou *Bout-du-Monde*, sorte d'enfoncement d'où la seconde source tombe en cascade, mais seulement après les grandes pluies (**0.1**).

Retour de Nolay (**1.1**) par le même itinéraire.

DE NOLAY A BEAUNE

Par La Rochepot, Auxy-le-Grand, Monthélie, Volnay et Pommard.

Distance : **19** kil. **100** m. *Côtes :* **13** min. *Pavé :* **3** min.

Nota. — Cette route, qui présente une longue montée de deux kil. au départ de Nolay, descend ensuite presque constamment, à part la courte rampe de Monthélie.

Depuis Volnay jusqu'à Dijon, les versants de la chaîne de la Côte-d'Or sont couverts d'une ligne ininterrompue de vignobles. Ceux-ci fournissent les crus les plus fameux de la Bourgogne.

Dans Nolay, la rue de la *République* (Pavé : 3') oblique à dr. et aboutit à l'avenue *Carnot*, vis-à-vis la statue de Lazare Carnot.

Montant à g. l'avenue Carnot (Côte : 18'), on traverse la *ligne d'Autun à Chagny*; puis la r., découverte,, s'élève entre des champs de vignes et laisse à dr. (**2.1**) le ch. de Chagny (11.8).

On pénètre dans une région montagneuse, dominée à dr. par de grandes buttes isolées et, à g., par le *mont de Rême.*

La r., qu'ombrage une bordure d'acacias, atteint un petit col (10'), ensuite descend rapidement au village de La Rochepot (**2.3**), où croise le ch. de Saulieu (54.6) à Chagny (10.8); on passe au-dessous du *château de La Rochepot.*

Le **château de La Rochepot**, bâti au XIIIe s., appartint plus tard à Philippe-Pot, grand sénéchal de Bourgogne, après la mort de Charles le Téméraire, en 1477. Du château, détruit pendant la Révolution, il ne subsistait plus que le donjon et des vestiges de murs envahis par le lierre. Récemment M. Sadi-Carnot, fils de l'ancien Président de la République, a relevé les ruines du château de La Rochepot et reconstitué cette demeure féodale aujourd'hui l'une des plus belles propriétés de la Bourgogne.

Descente rapide d'un étroit vallon, d'abord ombragé, s'élargissant ensuite au milieu d'une région déboisée, où, sur le flanc des coteaux alternent les vignes et les landes, entremêlées de roches arides : A g., derrière trois hautes buttes, s'étend une chaîne de montagnes aux crêtes festonnées d'énormes parois perpendiculaires de rochers. Entre les buttes, des échancrures permettent d'apercevoir les villages de Baubigny, d'Evelle et d'Orches, étagés sur le rebord de la montagne qui borne l'horizon. Le paysage, de grand caractère, parfois sauvage, revêt un aspect méridional.

La r. traverse le hameau de Mélin (**1.1**); puis, infléchissant vers l'est (Côte : 2'), rencontre le hameau du Petit-Auxey (**2.1**), au débouché de la sévère vallée de Saint-Romain.

Dépassé le village du Grand-Auxey (**0.7**), on néglige à dr. (**0.6**) le ch. de Meursault (1), bourg dont les vignobles, de premiers crus, touchent ceux non moins renommés de Montrachet.

Après avoir gravi la côte de Monthélie (10'), village

situé à g., sur un mamelon (**1**), à cinq cents m. de la r., on dépasse (**0.5**) un second ch. vers Meursault (1.1).

La r., à présent dans la direction du nord, suit parallèlement la chaine des monts de la Côte-d'Or, aux versants exclusivement tapissés de vignes; à dr., s'étendent les immenses plaines de la Bresse et de la vallée de la *Saône*.

Petite montée (3'), puis descente; on passe au milieu du clos de Volnay (**1.3**), ce village adossé à g. au rocher; tandis qu'à dr. de la r. une antique petite chapelle borde un vieux cimetière.

On descend ensuite vers Pommard (**1.5**), village plus important, dont les vins sont classés au premier rang, à l'entrée du vallon de l'*Avant-Dheune*.

La r. vient se confondre (**1.1**) avec celle de Dijon (38) à Châlon-sur-Saône (29), par Chagny (16), qui rejoint à son tour (**1.5**) le ch. de Châlon-sur-Saône (27.9), par Bligny-sous-Beaune (3.6), à l'entrée de **Beaune** (Ch.-l. d'arr. — 13.726 hab. — Café de la *Concorde* — Vins fins renommés).

Suivre la rue du *fg Bretonnière* jusqu'à la ligne des boulevards circulaires, dont les magnifiques arbres entourent Beaune d'une ceinture verdoyante.

Arrivé devant le petit pont jeté au-dessus de la rivière de la *Bouzaize*, qui baignait les anciens remparts, au lieu de continuer vers la ville par la rue *Maufoux*, on tournera à g. sur le bd *Bretonnière*. A quelques m. du pont se trouve situé à g. l'excellent hôtel recommandé de la *Poste* (**0.3**).

Visite de la ville de Beaune (environ 3 h.). — Sortant de l'hôtel de la *Poste*, tourner à dr. ; puis, presque aussitôt, traverser à g. le pont sur la Bouzaize, pour entrer en ville par la rue *Maufoux*.

Parvenu à une bifurcation, continuer la rue Maufoux, à g., qui croise l'avenue de la *République*, et conduit devant le portail de l'église Notre-Dame.

De l'église, revenir sur ses pas à l'avenue de la République qu'on suit à g. jusqu'au croisement de rues, appelé place *Fleury*. Se diriger ensuite à g. vers la place de la *Halle*, où se trouve situé à dr. l'Hôtel-Dieu, la principale curiosité de Beaune (ouvert au public : tous les jours, de 10 h. 1/2 à midi et de 1 h. à 3 h. ; les dimanches et fêtes, seulement dans l'après-midi, de 3 h. à 4 h. 1/2. Il est perçu un droit de 50 c. par personne, en semaine, pour l'entrée du Musée d'antiquités ; cette entrée est gratuite le dimanche. Gratification facultative au gardien).

A la sortie de l'Hôtel-Dieu, tourner à g. ; ensuite, contourner à dr. les halles par la rue *Pasumot*, aboutissant à la place *Carnot*, où sont les cafés les plus fréquentés de la ville.

Au milieu de la place, à hauteur du monument Carnot, prendre à g. la rue *Carnot*. Dans celle-ci, on aperçoit, à dr., à l'extrémité de la rue *Ziem*, l'ancienne façade de l'église Saint-Étienne, aujourd'hui l'école communale de filles.

La rue Carnot mène à la place *Monge*, ornée de la statue du mathématicien Monge. Sur cette place, à g., se dresse la tour du Beffroi, seul reste de l'ancien Hôtel de Ville ; à dr., la maison portant le n° 9 était l'ancien Hôtel de La Rochepot, ou de la Mare, dont les deux cours intérieures sont curieuses à voir.

Continuant de l'autre côté de la place, par la rue de *Lorraine*, on dépasse la chapelle de l'hospice de la Charité et l'on arrive à l'Hôtel de Ville, à dr., qui occupe un ancien couvent des Ursulines et contient le Musée (ouvert au public les dimanches et fêtes, de 1 h. 1/2 à 4 h., sauf du 1er septembre au 1er novembre ; tous les jours pour les étrangers. Gratification, 50 c.)

Plus loin, la rue de Lorraine passe devant l'église de l'Oratoire, à g. (convertie en salle de gymnase), et aboutit, près du Théâtre, à dr., à la *porte Saint-Nicolas*, arc de triomphe, élevé sur l'emplacement d'une ancienne porte de la ville.

De l'autre côté de la porte, suivre à g. le bd *Saint-Nicolas*, puis, à l'extrémité du cours, le bd *Saint-Martin*, encore à g. Ce dernier longe la promenade ou square des Lions, à g., laissant à dr. le petit fg Saint-Martin. Dans ce fg, à cinq cents m., se trouve l'entrée, à g., du parc de la Bouzaize, belle promenade dessinée autour des sources de la Bouzaize.

Revenu au bd Saint-Martin, on continuera à dr. par le bd *Bretonnière*, ramenant à l'hôtel de la *Poste*.

La ville de Beaune, par son importance la seconde de la Bourgogne, renferme plusieurs hôtels particuliers du XVIIe s. et quelques anciennes maisons du XIIIe s.

Excursion recommandée au départ de Beaune. — Le vallon du cours du Rhoin.

Par Savigny-les-Beaune (**5.0**), Bouilland (**9.5**), Bécoup (**8.5**) et le Pont-d'Ouche (**3.2**).

De Beaune au chemin de Pont-d'Ouche, V. page 110.

Le ch. de Pont-d'Ouche, au pied des contreforts du *mont Battois*, traverse en biais la plaine ; puis, inclinant à l'est, se dirige vers le village de Savigny-les-Beaune, à l'entrée du vallon pittoresque et boisé du *cours du Rhoin*.

Dans Savigny, on remarque le *château*, du XIVe s., démantelé, puis reconstruit plus tard, qui fut habité par la duchesse du Maine.

A la sortie de Savigny, le vallon, très étroit, pénètre au cœur de la chaîne de la Côte-d'Or. A quinze cents m. de Savigny, se détache à g. un ch. qui conduit à la source de la *Fontaine-Froide*, située à quinze cents m. de la r. Celle ci, continuant à dr., dépasse l'entrée d'une combe ; ensuite, toujours montante, s'élève sur la rive g. du Rhoin. Plus haut, d'autres combes débouchent à g. et à dr. du ravissant vallon.

Cinq cents m. avant d'arriver au village de Bouilland, un ch., à g., conduit aux ruines de l'*abbaye de Sainte-Marguerite*, située à quinze cents m. de la r.

Après Bouilland, le trajet est mauvais pendant deux kil. et demi, le sol étant détérioré par un perpétuel charroi forestier. Montée très dure pour atteindre la *combe Maine* où l'on rejoint la r. de Beaune au Pont-d'Ouche, par Pernant et Changey. Descente rapide au hameau de Bécoup, situé sur un petit plateau intermédiaire, d'où l'on descend encore vers la vallée de l'*Ouche*, pour arriver à Pont-d'Ouche (V. page 93).

Pour mémoire. — De Beaune à Bligny-sur-Ouche, V., en sens inverse, page 94.

DE BEAUNE A DIJON

Par Ladoix, Corgoloin, Comblanchien, Premeaux, Nuits-Saint-Georges, Vougeot, Gevrey-Chambertin et Le Rocher.

Distance : **38** kil. **300** m. *Côtes :* **28** min.
Pavé : **15** min.

Nota. — Excellente route, légèrement ondulée, continuant à longer la chaîne de la Côte-d'Or où sont récoltés les premiers crus des vins de la Bourgogne.

A la sortie de l'hôtel de la *Poste*, suivre à g. le b^d *Bretonnière* que prolonge le b^d *Saint-Martin*. A l'extrémité de celui-ci, le b^d *Saint-Nicolas*, à dr., en bordure du cours, mène à la *porte Saint-Nicolas* (**1**), où l'on prend à g. le *fg Saint-Nicolas*, début de la r. de Dijon. Au milieu du faubourg, à hauteur de l'église

Saint-Nicolas, se détache à g. (**0.1**) le **chemin de Pont-d'Ouche** (25.7), par Savigny-les-Beaune (4.5).

La r. de Dijon, plate, à peine ondulée, traversant de grands vignobles, longe à une courte distance, à g., la chaîne des *monts de la Côte-d'Or*, au débouché des vallons de Savigny et de Pernant d'où descend le ruisseau du *Rhoin*; tandis qu'à dr. la plaine immense va mourir à l'horizon, borné par un lointain et bas rideau d'arbres.

On dépasse (**3.5**) le ch. d'Aloxe-Corton (0.8 — vignobles de premières marques), village situé à g., sur les confins des *côtes de Beaune* et de *Nuits*; cette dernière ne produisant plus jusqu'à Comblanchien (*V.* ci-dessous) que des vins ordinaires. Après avoir laissé, encore à g. (**1.2**), un second ch. dans la direction d'Aloxe-Corton (1), on descend vers Ladoix (**0.7**), sur la rivière de la *Lauve*, négligeant à dr. le ch. de Ruffey (7.4).

Deux côtes (5' et 5') précèdent le village de Corgoloin (**2.8**), où s'écarte à dr. le ch. de Corberon (12.7). Plus loin, dans la montagne qui domine la r., à g., d'importantes carrières de marbre sont exploitées. Tour à tour on rencontre les villages de Comblanchien (**2**) et de Premeaux (**1.5**), ce dernier au fond d'un creux de terrain occasionnant une descente et une montée (3'); ici, reparaissent les vignobles de premiers crus de la côte de Nuits.

On pénètre par la rue de *Beaune* dans la petite ville de **Nuits-Saint-Georges** (**2.8** — Ch.-l. de c. — — 3.625 hab. — Hôt. de la *Croix-Blanche*; café de la *Bourse*). Ayant franchi le pont sur le *Meuzin*, suivre à dr. la rue *Thurot* qui contourne la ville. On laisse successivement à dr., la rue de la *Gare* (direction de Seurre, 23.1), puis la rue du *18 Décembre* (direction d'Agencourt et de Citeaux, *V.* page 112), pour arriver à la place *Villeneuve* (**0.1**) où se trouve l'Hôtel de Ville.

Visite de la ville de Nuits-Saint-Georges (environ 40 min.). La rue *Pagon*, à g. de la place *Villeneuve*, conduit à la place de la *République*, où sont situés la halle et la tour du Beffroi. Continuant par la *Grand-Rue*, on arrive au pont du

Meuzin. Ici, suivre à dr. le quai *Fleury*; puis prendre la première rue à dr., la rue *Notre-Dame*, qui longe l'église paroissiale.

Devant le portail, tourner à *g.* sur la place *Saint-Denis*, prolongée par la rue *Porte-Fermerot* ; celle-ci rejoint le quai *Fleury*. Vis-à-vis, la rue Saint-Symphorien mène à l'église de ce nom.

Revenir sur ses pas vers le quai Fleury et traverser à g. la place *Marie-Maignot*; prendre ensuite à dr. la rue *Saint-Georges* qui ramène devant l'Hôtel de Ville (petit musée Duret; collections d'histoire naturelle et d'archéologie).

Pour mémoire. — De Nuits-Saint-Georges à Citeaux par Agencourt (**2.5**), Saint-Nicolas-lès-Citeaux (**6.5**) et Citeaux (**3.5**).

Cette r., très faiblement ondulée, sort de Nuits par la rue du *18 décembre* (*V.* page 110). A cinq cents m. de la ville, la r. bifurque devant le *Monument*, élevé à la mémoire des Français morts dans les combats soutenus à Nuits contre les Allemands en 1870; continuer à dr. dans la direction d'Agencourt. Après ce village, on dépasse à g. un petit étang; puis l'on traverse pendant deux kil. la *forêt de Citeaux*. Dépassé la commune de Saint-Nicolas-lès-Citeaux, on descend légèrement, laissant à dr. la *ferme de la Borde*. Un kil. plus loin, un ch., qui se détache à g., conduit à Citeaux.

L'abbaye de Citeaux, un des monastères les plus célèbres de l'Europe, avec celui de Cluny (Saône-et-Loire), fut fondée en 1098 par saint Robert. Successivement pillé en 1589, 1595 et 1636, il cessa d'exister en 1790. Dès cette époque, les anciens bâtiments furent presque entièrement détruits; ceux qui subsistent datent du siècle dernier et n'offrent plus aucun intérêt.

De nos jours, Citeaux a été colonie pénitentiaire agricole; mais celle-ci ayant été supprimée, des Pères Trappistes sont entrés depuis en possession du domaine.

Tournant à dr. sur la place *Villeneuve*, on sort de Nuits-Saint-Georges par la rue de *Dijon*.

La r., faiblement ondulée, passe à Vosne (**2.1**) dont les crus de Romanée et de Richebourg jouissent d'une réputation méritée : petite rampe (5').

Plus loin, on laisse à dr. (**1.1**) le ch. de Flagey-Echezeaux (1.4) ; tandis qu'à g. s'étend, en bordure de la r., tel un lac de vignes, le célèbre *Clos-Vougeot*, qui fournit ce délicieux vin universellement connu.

Le Clos-Vougeot, où les moines de Citeaux plantèrent les premiers ceps au XIIe s., mesure 51 hectares de superficie. Il appartient aujourd'hui, par parties, à divers propriétaires. Le *cha-*

teau du Clos-Vougeot, qu'on aperçoit de la r., est situé à l'angle nord-est du clos ; à l'intérieur, on y remarque de belles portes et cheminées de la Renaissance.

Au village de Vougeot (**0.9**), on franchit la *Vouge*, rivière prenant sa source au bas d'une des combes pittoresques qui découpent la côte ; une montée (5'). Toujours à g., un peu au-dessus de Vougeot, apparaît le village de Chambolle, à l'entrée d'un vallon, où les vignes produisent le vin délicat de Musigny.

Dépassé Morey (**2.1**), on rencontre encore deux courtes montées (2' et 3'). Dans ces parages, les petits postes, armés de grands tromblons verticaux, disséminés au milieu des vignobles, servent à protéger la vigne, contre les nuages de grêle, par le tir du canon.

La merveilleuse série des grands crus de la Bourgogne se termine à **Gevrey-Chambertin** (**3.8** — Ch.-l. de c. — 1.760 hab. — Hôt. *Dumont*) dont les vins fameux proviennent de plants primitifs non américanisés.

Après Gevrey-Chambertin, la r., en plaine, s'écarte de la côte qui ne fournit plus que des vins ordinaires. A g., on aperçoit le magnifique *château de Brochon* (moderne), ainsi que les villages rapprochés de Fixin, de Couchey, de Marsannay-la-Côte. On passe au hameau du Rocher (**5**), laissant à dr. le village de Perrigny.

Descente insensible vers **Dijon** que dominent à g. les hauteurs de Talant et de Fontaine-les-Dijon (*V.* page 86).

On entre en ville par l'avenue de l'*Arsenal* qui franchit le *canal de Bourgogne*. Arrivé à la place du *1er Mai*, où commence le pavé (15'), suivre la direction de la ligne du tramway par la rue de l'*Hôpital*. Au delà du pont sur l'*Ouche* et de la voûte du ch. de fer, continuer par la rue *Monge*, la place *Saint-Jean* et la rue *Bossuet* jusqu'au croisement de la rue de la *Liberté*. Ici, tourner à g. dans cette rue pour s'arrêter, quelques m. plus loin, à dr., à l'hôtel recommandé de la *Galère et des Négociants*, situé au n° 45 (**6.7**).

Nota. — Pour la visite de la ville de Dijon, *V.* page 87.

DE DIJON AUX LAUMES

Par Plombières, Le Pont-de-Pany, Sombernon, Vitteaux, Posanges et Pouillenay.

Distance : **66** kil. **300** m. *Côtes* : **1** h. **51** min.
Pavé : **16** min.

Nota. — Cette intéressante route présente une longue montée de six kil. entre Le Pont-de-Pany et Sombernon. Elle descend ensuite la jolie vallée de la Brenne jusqu'aux Laumes.

Si l'étape paraissait trop longue, on pourrait s'arrêter, pour coucher, à Vitteaux.

De Dijon au chemin de Sainte-Marie-sur-Ouche, dans Pont-de-Pany (**19.7** — Côtes : 23' — Pavé : 11'), V. page 90.

Dans Pont-de-Pany, laissant à g. le ch. de Sainte-Marie-sur-Ouche, on continuera par la r. de Paris dont la rampe est presque continuelle jusqu'à Sombernon.

Après quelques alternatives de montées (2', 1', 3' et 1') et de plat, et avoir croisé (**1.7**) le ch. de Mâlain (3.3) à Agey (2.2), on se dirige, au milieu d'un paysage grandiose, vers une chaine de monts qui semblent devoir barrer le passage.

Côte de trois kil. (45') pour atteindre la *ferme de la République* (**3.9**), située entre la *montagne de Saint-Laurent*, à dr., et la *montagne de Rémilly*, à g. Ici, six cents m. de terrain uni; puis la montée reprend pendant deux kil. (30').

La r. nationale, négligeant à dr. (**0.8**) un ch. qui mène dans le haut de Sombernon (1.3), continue à g. ; elle s'élève en corniche au-dessus d'un vaste cirque de prairies, d'aspect sévère, entouré d'une ceinture de collines ; très belle vue. On passe au-dessous d'un parc pour gagner l'extrémité du long bourg de **Sombernon** (**2.3** — Alt. : 551 m. — Ch.-l. de c. — 701 hab. — bon Hôt-aub. du *Lion-d'Or*), à cheval, dans un site pittoresque, sur la ligne de faite du partage des eaux de la Méditerranée et de l'Océan.

Après une courte montée (2'), on néglige à g. (**0.1**) la r. de Saulieu (52).

La r. de Saulieu, à g., descend au village de Montoillot (**6**), puis à celui de Commarin (**2**), dans la vallée de la *Vandenesse*.

Le **château de Commarin**, vaste construction moderne, sur l'emplacement d'un ancien château féodal, renferme d'intéressantes collections d'objets d'art et de tapisseries du XVe s.; le parc est magnifique. Cette belle propriété appartient à M. le comte de Vogüé.

La r. des Laumes descend rapidement, pendant trois kil. et demi, la rive g. du charmant vallon de la *Brenne*, rivière qui prend sa source au-dessous de Sombernon.

Au delà du hameau de Geligny (**2.8**), on passe sur la rive dr. de la Brenne. La pente s'adoucit et la vallée s'élargit en approchant d'Aubigny (**2.1**).

On côtoie l'*étang de Grosbois* (**1.3**), réservoir de retenue de la Brenne, destiné à alimenter le *canal de Bourgogne;* la région se découvre. Après le barrage, vient le village de Grosbois (**2.7**), puis l'on franchit un petit ruisseau, affluent de la Brenne, en vue de Uncey-le-Franc (**3**), autre village, laissé un peu à g.; deux légères rampes.

On traverse encore le débouché du vallon de Saffres (Montée : 1'), ensuite une courte côte (3') précède le bourg de **Vitteaux** (**7.1** — Pavé : 5' — Ch.-l. de c. — 1.467 hab. — Hôt.-aub. de l'*Ecu*), dans un large bassin où plusieurs ruisseaux viennent se réunir.

Au centre de Vitteaux, à la bifurcation des rues, laissant à g. la r. de Pont-Royal (7), on continue à dr. par la r. des Laumes.

Celle-ci longe les prairies de la vallée, au pied de collines présentant des escarpements de roches couronnés çà et là de bouquets de bois. On passe à Posanges (**2.9**), petit village dont le château du XVe s., transformé en ferme, est assez bien conservé avec ses quatre tours massives, son chemin de ronde et ses douves.

Après le pont sous la *ligne d'Epinac aux Laumes*, on rencontre la station de Villeferry (**4.5**), à dr., desservant aussi le village d'Arnay-sous-Vitteaux, situé à g., à un kil., au débouché du vallon de Volnay; succession de rampes à peine sensibles.

On franchit un passage à niveau en vue de la *ferme de Villiers*, à g., autrefois un château, et l'on arrive au carrefour de Pouillenay (**7**), où croise le ch. de Semur (10) à Flavigny (5.5).

La vallée de la Brenne s'étend en un vaste bassin dans la *plaine des Laumes* où vont se confondre les eaux de *l'Ozerain* et de *l'Oze*; légère rampe. A dr., se détache (**1.7**) un premier ch. vers Alise-Sainte-Reine (2.5 — *V.* page 78), village étagé sur le flanc du *mont Auxois*.

On traverse de nouveau la voie ferrée, puis l'Ozerain; ensuite, dépassant (**1.1**) un second ch. vers Alise-Sainte-Reine (2), on atteint, à l'entrée des Laumes (**0.8**), le croisement de la r. de Semur (12) à Darcey (10.1).

Tourner à dr. sur la r. de Darcey et s'arrêter, devant la station des Laumes, à l'hôtel recommandé de la *Gare* (**0.2**).

DES LAUMES A ANCY-LE-FRANC

Par Seigny, Fain-les-Montbard, Marmagne, Montbard, Saint-Remy, Buffon, Aisy-sur-Armançon, Nuits-sous-Ravières, Fulvy et Cusy.

Distance : **41** kil. **800** m. *Côtes:* **45** min. *Pavé:* **5** min.

Nota. — Route agréable descendant en pente insensible les vallées de la Brenne et de l'Armançon. Légèrement accidentée entre Nuits-sous-Ravières et Cusy.

Quittant l'hôtel de la *Gare*, tourner à g. et, deux cents m. plus loin, prendre à dr. (**0.2**) la r. de Montbard.

Celle-ci traverse successivement le passage à niveau de la *ligne de Paris à Dijon*, le village des Laumes et la rivière de l'*Oze* affluent de la Brenne; petite montée.

La r., à peine ondulée, continue à descendre la vallée de la *Brenne*, offrant ici un beau bassin de prairies, à g. Légère montée de deux cents m., puis descente douce à Seigny (**3.7**). On rencontre ensuite les villages de Fain-les-Montbard (**1.8**) et de Marmagne (**2.8**), ce dernier au débouché du vallon de Touillon.

Une rampe courbe, peu sensible, mène à la bifurcation de la r. de Châtillon-sur-Seine (32.3), à l'entrée de **Montbard** (**2.3** — Ch.-l. de c. — 2.653 hab. — Hôt. de l'*Ecu*), petite ville pittoresque dont les habitations s'étagent autour d'un tertre commandant la vallée.

La rue *François-Debussy* (Pavé ; 2') descend dans le bourg à la rue de la *Côte-d'Or*; celle-ci, à g., conduit à la place *J.-M.-Bernard* (**0.2**) qui précède le pont sur la Brenne.

Sur la place J.-M.-Bernard, se trouve situé, à g., l'hôtel de l'*Ecu* où l'on s'arrêtera, soit pour déjeuner, soit pour déposer sa machine en garde pendant la visite du château et du parc de Montbard (environ 1 h. 15').

Le château de Montbard, jadis l'une des plus importantes forteresses et résidences des ducs de Bourgogne, revint plus tard au royaume de France. Au XVIIIe s. ce domaine fut acquis par le célèbre naturaliste Buffon, natif de Montbard. Buffon, qui avait sa maison dans la ville, fit démolir en grande partie le château féodal et ne laissa debout que le mur d'enceinte, le donjon et une tour carrée. Actuellement, ces belles ruines, entourées d'un magnifique parc, sont la propriété de la ville de Montbard et ouvertes au public.

Pour se rendre au château, on traverse le pont en dos d'âne sur la Brenne, et, quelques m. plus loin, par la rue tournant à g., on arrive à la place *Buffon*, vis-à-vis une grande maison portant le n° 1. Celle-ci, autrefois la demeure de Buffon, sert aujourd'hui de collège.

Monter la ruelle, à dr. de la maison de Buffon, puis, après être passé sous une voûte et avoir gravi quelques marches, tourner à dr. dans la rue *Crébillon* qui mène à la grille d'entrée du parc. Dans le parc, suivre l'allée devant soi ; elle contourne extérieurement le mur d'enceinte du château (belle vue de la vallée et de la ville) et conduit à une seconde grille. Ayant franchi cette grille, on montera l'avenue à g., entre des murs, menant à une plate-forme, voisine de l'église, où est érigée la statue en pied de Buffon.

Pour visiter les tours du château, passer à g. devant le portail principal de l'église (chapelle contenant la sépulture de Buffon) et rentrer dans le parc par une porte en bois. Dans le parc, on remarque, à g., un autre monument surmonté du buste de Buffon. Suivre l'allée derrière ce monument pour se rendre aux deux tours, derniers vestiges de l'ancien château.

Dans la première tour carrée, dite de Saint-Louis, habite le gardien qui fait visiter le donjon (gratification, 50 c.) et le cabinet de travail de Buffon (curieuse collection de portraits d'oiseaux), dans un pavillon isolé situé à l'autre extrémité du parc.

Près du cabinet de travail de Buffon, le gardien indique l'escalier qui descend à la rue *Daubenton*. Celle-ci, à g., ramène devant la grille d'entrée du parc. De cette grille, on regagne l'hôtel par l'itinéraire déjà suivi.

Pour mémoire. — De Montbard à Semur, *V.*, en sens inverse, page 76.

De l'autre côté du pont (Montée : 1'), la rue de la *Côte-d'Or* (Pavé : 1') se prolonge, à g., par la place *Buffon* (Maison de Buffon, à dr., au n° 1) et la rue d'*Abrantès*. A l'extrémité de cette dernière, prendre à dr. la rue *Carnot*, qui contourne la ville, puis traverser à g. le *canal de Bourgogne*.

Laissant à g. (**1.7**) la r. de Semur (16), on longe le canal ainsi que les fraiches prairies de la vallée de la Brenne. Au village de Saint-Remy (**2.9**), on passe sur la rive dr. de la rivière et du canal ; deux montées (2' et 2').

A hauteur du village de Buffon (**2.2**), la Brenne se réunit à la rivière de l'*Armançon*, dans un bassin dont l'étendue est masquée par la bordure d'arbres du canal ; un peu plus loin, après une côte (2'), la vallée apparait très large.

Descente douce, coupée par un raidillon (1'), en laissant à dr. un grand cirque de cultures. On franchit de nouveau le canal, puis l'Armançon, à la limite des dép[ts] de la Côte-d'Or et de l'Yonne (**4**).

Ayant traversé la vallée, on rejoint, après avoir croisé la *ligne de Paris à Dijon* (**0.3**), une r. venant d'Avallon (37) et l'on tourne à dr. dans Aisy (deux ruisseaux pavés — un raidillon : 1').

La r. gravit un mamelon, laissant à dr. (**2.6**) le ch. de Cry, par Perrigny.

Le ch. de Cry croise la voie ferrée, puis traverse le village de Perrigny (**0.9**); il se dirige ensuite par la plaine, en longeant la rive g. de l'Armançon, vers Cry (**2**). Près de l'église de ce village, négligeant à g. un autre ch. qui remonte à la r. d'Ancy-le-Franc, on tournera à dr. pour franchir l'Armançon, et, un peu plus loin, le canal. Le ch. décrit une courbe à dr., monte dans le *bois de Garle* et atteint le pied du rocher escarpé portant les pittoresques assises du **château de Rochefort** (**2.4**).

Cette forteresse, démantelée en 1411 par Jean sans Peur, fut reconstruite en 1501, puis de nouveau abandonnée. Une partie des ruines sert d'habitation à un garde.

On peut regagner la r. d'Ancy-le-Franc en repassant par Cry (**2.4**). Dans Cry, on laisse à g. le ch. par lequel on est venu de Perrigny et l'on monte directement (6') à la grande route (**1.5**).

Parvenu au sommet de la côte (7'), on découvre un large paysage sur la vallée qui ne forme plus qu'une vaste plaine banale; à dr., se détache (**2.1**) un autre ch. dans la direction du Cry (1.5 — *V.* ci-dessus) et d'Asnières (5).

Descente douce, entrecoupée de quelques courts raidillons (1', 1', 1', 2', 2' et 1'), pour atteindre, au delà de la voûte de la *ligne d'Avallon*, le ch. (**2.7**) qui vient à g. de Châtel-Gérard (15.6). Ici, la r., tournant à dr., croise la voie ferrée, soit au passage à niveau, soit sous une voûte voisine, et traverse le gros village de Nuits-sous-Ravières (**0.3**) en passant devant l'église.

On sort de la localité par une porte entre deux pilastres; à dr., le *château de Nuits* est entouré de beaux ombrages.

La r. franchit un nouveau passage à niveau, puis s'élève (7') sur le flanc d'un autre mamelon, coupé par la profonde tranchée de la *ligne de Châtillon-sur-Seine*; vue étendue.

Descente rapide, d'un kil., vers le débouché du vallon du *Rue*, pour regagner ensuite les prairies qui bordent l'Armançon.

Montée (2') dans Fulvy (**4.1**), village que domine à g. le *château*, une grande construction carrée. Côte (5'), descente, puis rampe (5') sur un monticule d'où l'on redescend en pente douce vers le passage à niveau de la gare d'Ancy-le-Franc (**2.5**) et le village de Cusy (**0.5**).

A l'extrémité de Cusy, où vient rejoindre le ch. de Noyers (17.5), à g., on franchit encore la rivière et le canal. Une belle avenue de peupliers, longeant le parc du *château d'Ancy-le-Franc* (*V.* ci-dessous), conduit à l'entrée du bourg d'**Ancy-le-Franc** (Ch.-l. de c. — 1.221 hab.).

Après une petite montée (2'), tournant à g., on suivra la *Grande-Rue* dans toute sa longueur (Pavé : 2'); elle passe devant le bâtiment à arcades de l'Hôtel de Ville (**1.2**) et mène à l'extrémité de la ville où se trouve situé, à g., l'hôtel de la *Poste* (**0.1**).

Pour se rendre au **château d'Ancy-le-Franc** (visible de préférence le matin; faire passer sa carte; gratification), la seule curiosité d'Ancy, il faut revenir à l'Hôtel de Ville et descendre la place à dr. Au bas, on franchit une grille à dr. précédant la cour d'honneur du château.

Le château d'Ancy, construit en 1546 sous la direction du Primatice, appartient aujourd'hui au duc de Clermont-Tonnerre. L'intérieur renferme de superbes appartements, des galeries et des chambres décorées de fresques remarquables, une belle chapelle.

Le château est entouré d'un magnifique parc ouvert au public.

D'ANCY-LE-FRANC A TONNERRE

Par Lezinnes, Saint-Vinnemer, Tanlay et Comissey.

Distance : **21** kil. **200** m. *Côtes :* **50** min.
Pavé : **5** min.

Nota. — Route très accidentée entre Ancy-le-Franc et Lezinnes; fortes côtes et descentes rapides. Joli trajet de Lezinnes à Tonnerre, par Tanlay. Quitter Ancy-le Franc assez tôt après le déjeuner pour pouvoir visiter dans la journée Tanlay et la ville de Tonnerre.

La r. de Tonnerre, plate jusqu'aux *usines de la Comelle* (**0.8** — chaux hydraulique), présente ensuite une longue rampe de deux kil., en partie très dure (2' et 17'); on domine la vallée de l'*Armançon*, cette rivière décrivant un grand méandre, à g.

Descente rapide de sept cents m. dans une large dépression de terrain, puis nouvelle côte, de même longueur (8'), pour escalader un second promontoire couvert de cultures; on redescend encore très rapidement, en laissant à dr. (**5.1**) le ch. de Cruzy-le-Châtel (12.1).

La r. franchit le canal et la rivière à l'entrée de Lezinnes (**0.9** — Hôt.-aub. de l'*Union*), gros village échelonné sur une troisième côte, dure, de huit cents m. (8').

Au sommet de la rampe, une large plaine, légèrement descendante, mène à l'embranchement du ch. de Tanlay (**2.3**), où l'on doit quitter la r. nationale de Tonnerre.

La r. nationale, qui continue fortement ondulée (quatre côtes: 3', 2', 4' et 6'), passe au hameau de la Grange-Aubert (**7.5**) et entre dans **Tonnerre** par le f[g] et la rue de *Rougemont* (Pavé : 7'). Cette dernière conduit à la place du *Centre*, à l'angle de l'hôtel du *Lion-d'Or* (**1**).

Le ch. de Tanlay, à dr., traverse la vallée dans toute sa largeur et passe sous la voûte du ch. de fer ; puis, ayant successivement franchi un ruisseau, l'Armançon et le canal, on arrive au village de Saint-Vinnmer (**1.6**).

A l'extrémité de la rue, devant la Mairie, continuer à g. On double, en montant (7'), la pointe d'une colline ; après une légère descente, le ch. s'engage sous une magnifique avenue, longue d'environ deux kil., bordée d'une quadruple rangée de tilleuls.

Cette avenue, qui mène au joli bourg de Tanlay (**2.8** — Hôt. du *Centre* — A voir : la cour du Saint-Esprit autrefois ancienne Maladrerie), où l'on croise successivement le ch. de Cruzy-le-Châtel (11.3) à Tonnerre, et celui de Pimelles (7.6) à Tonnerre, aboutit à la grille même du *château de Tanlay* (**0.3** — Pour visiter, s'adresser au concierge; faire passer sa carte; gratification).

Le château de Tanlay, dont l'origine remonte au XIIe s., fut acheté en 1535 par Louise de Montmorency, veuve de l'amiral de Coligny. Il passa plus tard, vers 1660, dans la famille de Phelippeaux de la Vrillière pour qui la seigneurie de Tanlay fut érigée en marquisat.

A l'extérieur, le château, d'un grand style, est précédé d'un corps de logis, appelé le *petit château*, orné de sculptures originales; d'un curieux pont, flanqué de deux obélisques, et d'un portail, dit le *donjon*. L'intérieur, plus simple, présente néanmoins de beaux appartements dont plusieurs salles et galeries sont décorées de belles peintures.

Un grand parc, avec une magnifique pièce d'eau, entoure le château.

D'après un dicton du pays : « L'extérieur de Tanlay, l'intérieur d'Ancy-le-Franc eussent fait un château parfait ».

A la sortie du château, suivre la rue du village, à dr., et, à l'extrémité de cette rue, prendre, encore à dr., le ch. qui contourne un petit étang. Cent m. après l'étang, gravir à g. le ch. de Commissey (Côte : 3'). Celui-ci passe au-dessus du cimetière de Tanlay et domine le cours du canal; on descend ensuite au croisement (**1.5**) du ch. de Villon (12.8) à Tonnerre.

Ici, abandonner la direction de Saint-Martin (2.2), devant soi, et tourner à g. pour traverser Commissey (**0.1**). En dehors du village, le ch., plat, longe le canal, puis rejoint (**1.5**) la r. de Saint-Martin (2) à Tonnerre.

On monte à g. (5') jusqu'à la *ferme d'Arthe* (**0.6**); ensuite la r., à mi-colline, offrant une vue pittoresque de Tonnerre et des hauteurs environnantes, descend agréablement pour regagner un moment le bord du canal. Un peu plus loin, on atteint le croisement (**5**) de la r. nationale de Tonnerre à Joigny.

Tournant à g., on franchit de nouveau le canal et l'Armançon. Après le passage à niveau (ou la voûte) du ch. de fer, la rue du *Pont* (Pavé : 5'), prolongée, au delà d'un second pont sur un autre bras de l'Armançon, par la rue de l'*Hôpital*, monte dans la ville de **Tonnerre** (Ch.-l. d'arr. — 4.749 hab. — Café *Français*. — Vins réputés de la Basse-Bourgogne).

Parvenu à la petite place du *Centre*, au pied de la grosse tour *Notre-Dame*, tourner à g. dans la rue de *Rougemont*, où est situé l'hôtel du *Lion-d'Or*, immédiatement à dr., au n° 6 (**1.1**).

Visite de la ville de Tonnerre (environ 1 h. 1/4). — Sortant de l'hôtel du *Lion-d'Or*, tourner à g. sur la place du *Centre*.

Quelques m. plus loin se trouve, à g., l'entrée de l'église Notre-Dame, à l'angle de la rue *Saint-Michel*.

En continuant la rue, puis le fᵍ *Saint-Michel*, on sort de la ville par la r. de raccourci d'Yrouerre. Sur cette r., à cinq cents m. de Tonnerre, un ch., qui se détache à g., monte vers le sommet de la colline où s'élevait jadis *l'abbaye de Saint-Michel*, aujourd'hui convertie en propriété particulière. De l'ancienne abbaye il reste peu de chose, mais de ce point la vue sur Tonnerre et ses environs est superbe. (1 h. 1/4, aller et retour.)

Revenir à la place du Centre et monter à g. la rue *Saint-Pierre*. Plus haut, continuer encore à g., par la rue *Armand-Colin* qui conduit à l'église Saint-Pierre, située sur une terrasse dominant la ville et la vallée de l'Armançon.

A la sortie de l'église, descendre les escaliers, à g., puis une ruelle, à dr., aboutissant à la rue de l'*Ancien-Collège*. Quelques m. plus bas, devant une borne fontaine, s'engager à g. dans une autre ruelle, très étroite et rapide, menant à la rue *Jean-Garnier*.

Celle-ci, à g., descend à l'entrée de la rue du *Général-Campenon*. Ici, prendre à g. la rue de la *Fosse-Dionne* qui encercle la curieuse source de la Fontaine de la Fosse-Dionne jaillissant d'un grand bassin circulaire, formant lavoir, entouré d'une ceinture pittoresque de vieilles maisons.

De la fontaine, regagner la rue du Général-Campenon, où, tournant à dr., on prendra, à g. du café des *Glaces*, la rue de l'*Hôtel-de-Ville*. On abandonne presque aussitôt cette dernière pour continuer à g. par la rue et la place de la *République*. Arrivé à la promenade, vis-à-vis la gare, continuer à dr. par la rue de la *Gare*, qui rejoint la rue du *Pont*, dans le bas de la ville. Suivre la rue du Pont, à dr.; elle traverse un bras de l'Armançon et se prolonge par la rue de l'*Hôpital* le long du jardin de l'Hôpital.

A l'extrémité de la grille de ce jardin, un passage voûté, à g., précède une petite avenue conduisant à l'hôpital, une des curiosités de Tonnerre (tombeaux de Louvois et de Marguerite de Bourgogne; pour visiter, s'adresser au concierge; gratification 50 c.).

Plus haut, dans la rue de l'Hôpital, la rue des *Fontenilles*, la première à g., passe devant l'ancien Hôtel d'Uzès (caisse d'épargne) et atteint le bas d'une petite promenade en terrasse, à dr., dont les escaliers montent à la rue de *Rougemont*. Celle-ci, à dr. (au nº 22, bibliothèque et petit musée local; ouverts les jeudis et dimanches de 1 h. à 4 h.), ramène à l'hôtel du *Lion-d'Or*.

Pour mémoire. — De **Tonnerre** à **Auxerre**, par Fleys (**12**), **Chablis** (**5.5** — Ch.-l. de c. — 2.353 hab. — Hôt. de l'*Etoile*. — Vins blancs renommés), Poinchy (**2.5**), Beine (**4**) et Auxerre (**14** — V. page 13).

Route accidentée, à travers une contrée de culture peu boisée. Fortes ondulations jusqu'à Fleys, on descend ensuite vers Chablis dans la vallée du *Serein*. Depuis Poinchy jusqu'au delà de Beine, on remonte la rive dr. du vallon de Beine. Descente insensible vers Auxerre dans la vallée de l'*Yonne*.

DE TONNERRE A JOIGNY

Par Dannemoine, Cheney, La Chapelle-Vieille-Forêt, Flogny, Germigny, Saint-Florentin, Avrolles, Brienon, Esnon, Le Canal et La Roche.

Distance : **51** kil. **700** m. *Côtes :* **20** min.
Pavé : **17** min.

Nota. — Cette route exquise, à peine ondulée, en partie plate, descend la vallée de l'Armançon jusqu'au village de La Roche, où l'on rejoint la vallée de l'Yonne.

Si l'étape paraissait trop longue, après le temps passé à visiter Saint-Florentin, on pourrait s'arrêter, pour coucher, à Brienon.

De la place du *Centre*, dans Tonnerre, on descendra à dr. la rue de l'*Hôpital* (Pavé : 5') prolongée, au delà d'un premier pont, sur l'un des bras de l'*Armançon*, par la rue du *Pont*. Après avoir traversé la ligne du ch. de fer, l'Armançon et le canal, on laisse à dr. (**1.1**) le ch. de Tanlay (*V.* page 121), puis (**0.1**) la r. de Bar-sur-Seine (46.6).

Celle de Joigny, plate, bordée de tilleuls, infléchit à l'ouest, parallèlement au canal, et descend insensiblement la vallée de l'Armançon; jolie vue à g. des collines rocheuses de Tonnerre.

Successivement on passe aux villages, presque contigus, de Dannemoine (**1.2** — Hôt.-rest. *Aux Parcs de Bourgogne*, renommée d'escargots), de Cheney (**0.8**

— montée : 2') et de Tronchoy (**1.1**) dont les maisons s'échelonnent sur les pentes de gracieux coteaux.

La r., excellente, très unie, longe le canal et profite de l'ombrage de ses superbes peupliers. Les collines de la vallée s'abaissent après le hameau de Charrey (**3.3**); néanmoins une côte, assez dure (8'), précède le gros village de La Chapelle-Vieille-Forêt (**2.7**), situé un peu à dr. de la r.

Descente, puis montée (2') à **Flogny** (**1.1** — Ch.-l. de c. — 452 hab. — Hôt.-aub. *Cassemiche*), localité sans intérêt. Nouvelle descente et montée (2'); ensuite la vallée, très large, se perd au milieu de grandes plaines fertiles.

On retrouve les bords agréables du canal à Percey (**3.6** — Château); deux petites montées (1' et 2'). A dr., embranchement (**1.1**) de la r. de Troyes (50.5); puis passage à Germigny (**0.9**) où l'horizon se déroule lointain. On rejoint la r. de Nevers, par Auxerre (30), à l'entrée de l'ancienne petite ville, à l'apparence prospère, de **Saint-Florentin** (**3.5** — Ch.-l. de c. — 2.721 hab. — *V.* ci-dessous).

La r., tournant à dr., franchit l'*Armance*, puis continue par la première rue à g. (Pavé : 2'); rampe courbe (5') contournant la colline sur laquelle la ville est bâtie. On croise (**0.7**) le ch. de Neuvy-Sautour (7) à Crécy (1.9), et, cent m. plus loin, on laisse à dr. (**0.1**) le ch. de Venisy (4.8).

Si l'on doit s'arrêter à Saint-Florentin, on se dirigera vers la ville par le ch. de Venisy, ou rue de *Belbeder*, qui conduit à la place de la *porte-Dilo* où se trouve situé, à g., l'hôtel de la *Porte-Dilo* (**0.5**).

Visite de la ville de Saint-Florentin (environ 45 min.). — Sur la place de la *Porte-Dilo*, la rue de *Dilo*, à dr., mène à une seconde petite place ornée d'une fontaine en bronze. Ici, tourner à dr. dans la *Grande-Rue*, pour monter à g. les marches qui précèdent le portail ouest de l'église Saint-Florentin.

Sortant de l'église par le portail est, on descendra l'escalier à dr. ; puis on suivra, à g., la rue de *Clamecy*, en négligeant, à dr., la rue *Jossier*. Plus bas, par la rue de la *Porte-Herne*, à dr., ensuite, par la rue *Basse-du-Rempart*, encore à dr., on gagnera la promenade du Prieuré, en passant au-dessous d'une vieille tour à toit pointu. Ayant croisé le fᵉ d'*Aval*, on s'engage, vis-à-vis, dans la ruelle des *Chanteloup* menant au pied du monticule sur lequel s'élève le très vieux bâtiment qui dépendait d'un ancien prieuré; on y accède par un sentier à dr. Traverser la promenade du Prieuré (curieuse vue de la ville), puis descendre la ruelle qui s'ouvre du côté opposé. On aboutit ainsi à la *Grande-Rue*, ramenant à dr. à l'hôtel de la *Porte-Dilo*.

Pour rejoindre la r. de Joigny, tourner dans la rue à g. de l'hôtel, puis, encore à g., sur le ch. qui monte (3') à la r. (**0.5**).

Au faite de la côte, un autre ch., à dr. (**0.3**), vient de Saint-Florentin (*V.* ci-dessus).

La r. descend insensiblement à travers une région de culture que de bas coteaux limitent à dr.; après le village d'Avrolles (**3**) elle franchit le *Créanton* (**0.7**), affluent de l'Armançon.

Ici, la r. de Paris bifurque; la branche de dr., très accidentée, qui raccourcit de treize kil., conduit à Sens (40), par Arces (12); la branche de g., plus généralement suivie, mène également à Sens (53), par Brienon et Joigny.

Continuant dans cette dernière direction, on néglige successivement, à dr., le ch. (**0.1**) de Bellechaume (7.4), puis celui (**0.1**) de Turny (6.6); de beaux alignements de peupliers rompent la monotonie des champs.

On entre dans **Brienon** (**1.3** — Pavé : 5' — Ch.-l. de c. — 2.595 hab. — Hôt. du *Centre*), important centre agricole, par la rue de la *Poterne* qui mène à la *Grande-Rue*; celle-ci, à g., passe devant l'église.

A l'extrémité du pavage de la rue, laissant devant soi (**0.5**) la direction d'Auxerre (22), par Hauterive (7.2), on tourne à dr. sur la r. de Joigny, un moment en bordure du canal (port d'expédition et scierie des bois de la *forêt d'Othe*).

La r. toute droite, absolument plate, longe de beaux pâturages qu'encadrent des peupliers. A l'entrée du village d'Esnon (**2.8**), où croise le ch. de Paroy-en-Othe (6.5) à Auxerre (23.2), apparaît à dr. une belle propriété avec grande pièce d'eau. On traverse ensuite de verdoyants taillis, pour arriver à l'embranchement (**4.8**) de la r. d'Avallon, par Chablis. Cette r. s'éloigne à

g. aux premières maisons du gros hameau du Canal (**0.9**), dont les nombreuses et uniformes petites villas sont principalement habitées par les familles des employés de la gare de La Roche (0.3), un des plus importants centres d'atelier de la compagnie du P. L. M.

Le *canal de Bourgogne*, destiné à faire communiquer la *Seine* et le *Rhône*, par la *Saône*, débouche près d'ici dans l'*Yonne*, non loin du confluent de l'Armançon.

Légère montée dans le bourg de La Roche (**2**), puis la r. vient côtoyer par instants les bords de l'Yonne. A dr., le village de Saint-Cydroine (**1.5** — Église intéressante) garnit la crête d'un petit coteau ; plus loin, du même côté, les collines s'accentuent.

On entre, par le faubourg *Saint-Florentin*, dans l'ancienne petite ville de **Joigny**, pittoresquement bâtie sur les pentes escarpées de la *côte Saint-Jacques* (Pavé : 3' — Ch.-l. de c. — 6.299 hab. — Café du *Cercle*. — Vins estimés).

Parvenu au quai *Henri-Ragobert* (**5**), un bon trottoir g. (autorisé aux cyclistes), en bordure de la promenade des Quinconces, conduit jusqu'au pont (**0.5**). Ici, traverser l'Yonne, à g., et, continuant de l'autre côté du pont par l'avenue *Gambetta*, on arrivera à l'hôtel de la *Poste*, situé à dr., au n° 44 (**0.3** — Pavé : 2').

Visite de la ville de Joigny (environ 1 h. 1/4). — Sortant de l'hôtel, on suit à g. l'avenue *Gambetta* pour franchir l'Yonne. De l'autre côté du pont, gravir vis-à-vis la *Grande-Rue*, qui mène au croisement de la rue *Montant-au-Palais*. Celle-ci, à g., conduit à une petite place où se trouve l'entrée de l'église Saint-Thibault, à g.

Sortir de l'église Saint-Thibault par le même portail et monter, en face, la rue de l'*Hôtel-de-Ville*. A la place de l'Hôtel-de-Ville, prendre à dr. la rue *Bourg-le-Vicomte* ; puis, tourner dans la première rue à g., dite des *Fromages*. A l'extrémité de cette rue, on voit la vieille *porte du Bois*, flanquée extérieurement de deux tours massives.

Vis-à-vis cette porte, à onze cents m., sur la r. de Dixmont, une allée de tilleuls gravit à dr. la colline, d'où l'on découvre une vue superbe sur la ville et la vallée de l'Yonne.

Redescendant la rue des Fromages, dans toute sa longueur, on reviendra à la rue *Montant-au-Palais*, près de l'église Saint-

Thibault. Suivre à g. la rue Montant-au-Palais et la continuer, en laissant à dr. la Grande-Rue, jusqu'à une petite place située au pied d'un escalier à double rampe. Cet escalier, à g., précède une vieille porte fortifiée qui donne accès à l'église Saint-Jean, construite sur l'emplacement de l'ancien château de Joigny.

Contournant l'église à dr., on passe devant le Château-Neuf (école communale de filles). Derrière l'église, la rue *Jacques-Ferrand* descend à la place de la *République*, où s'élèvent : à g., le Palais de Justice (la chapelle de Ferrand est enclavée dans ce bâtiment) et, à dr., la vieille église Saint-André.

A dr. de l'église Saint-André, la rapide rue des *Sureaux* aboutit au ch. des *Guimbardes* qui descend au quai *Henri-Ragobert* ; celui-ci, à dr., ramène au pont, sur l'Yonne et à l'hôtel.

La ville de Joigny a conservé plusieurs anciennes et curieuses maisons en bois.

Nota. — De Joigny à Paris, *V.*, en sens inverse, page IX.

Paris. — Imprimerie G. Maurin, 71, rue de Rennes.